DÉLIBÉRATIONS

des Conseils Généraux, Conseils Municipaux et Chambres
de Commerce des Départements et Villes, intéressés à l'exécution
des prolongements demandés au Gouvernement
par la Compagnie des Charentes.

PARIS
IMPRIMERIE

DÉLIBÉRATIONS

des Conseils Généraux, Conseils Municipaux et Chambres
de Commerce des Départements et Villes, intéressés à l'exécution
des prolongements demandés au Gouvernement
par la Compagnie des Charentes.

Bordeaux, le 9 mars 1870.

Les Membres composant la Chambre de Commerce de Bordeaux

A Son Excellence Monsieur le Ministre des Travaux publics, à Paris.

———————

MONSIEUR LE MINISTRE,

Votre département a mis à l'enquête le projet de deux embranchements à construire par la Compagnie du chemin de fer des Charentes, l'un de Saint-Mariens sur Blaye, l'autre de Marcenais sur Libourne.

Les communications de Libourne avec ce Chemin sont déjà assurées à Coutras, station très-rapprochée, où se trouve son raccordement avec le railway d'Orléans. La ligne proposée, ou toute autre qui donnerait à la Compagnie des Charentes un accès direct à Libourne, pourrait être ainsi, quelque temps, différée sans préjudice sensible pour les intérêts spéciaux qui se groupent sur ce point.

Mais le trafic réciproque des départements de l'ouest, du centre, de la Bretagne et de la Normandie, avec notre ville, la vallée de la Garonne et le versant des Pyrénées, trouverait de grandes facilités et obtiendrait de notables accroissements par la création d'un embranchequi, par Cavignac ou Marcenais et Saint-André-de-Cubzac, mettrait le Chemin des Charentes en communication directe avec Bordeaux.

Nous n'avons pas besoin de vous faire remarquer en effet, Monsieur le Ministre, que Bordeaux, port de premier ordre et point central où viennent se relier les réseaux ferrés du Midi et d'Orléans, sert comme de pivot au mouvement d'échange, d'importation et d'exportation, de toutes les contrées qui peuvent y aboutir, et que, dès lors, les facilités d'accès qui lui seront données correspondent non pas seulement à un besoin local, mais à un intérêt général de premier ordre.

Le Chemin des Charentes donne une route abrégée vers les Charentes, la Vendée, la Bretagne, et vers le centre par la ligne d'Angoulême à Limoges qui lui est concédée, mais à la condition que les marchandises ne seront pas d'abord obligées de se détourner vers l'est, pour aller chercher cette voie à Coutras, lorsque leur direction normale est le nord, par Cubzac et Cavignac. Il offrira des transports économiques, pourvu que les marchandises affranchies du transit, sur la ligne d'Orléans, ne soient pas exposées à subir des tarifs dont le maximum kilométrique leur sera imposé jusqu'à Coutras, afin de les contraindre à négliger la voie courte des Charentes pour prendre la direction plus longue de Poitiers et Niort ou de Tours et Nantes.

En donnant au Chemin des Charentes un accès direct et indépendant, avec gare à Bordeaux, on le mettra en situation de produire, en ce qui concerne les pays qu'il traverse, les avantages d'économie et de célérité en vue desquels il a été construit, et dans les directions où il peut se trouver en rivalité avec le Chemin d'Orléans, on déterminera une concurrence qui, ramenant les prix de transport au taux sur lequel les intérêts des Compagnies et ceux du commerce trouvent leur équilibre, favorisera le mouvement des marchandises et des voyageurs.

La traversée de la Dordogne aurait pu se présenter comme une objection ; mais dans le plan de restauration actuellement à l'étude du pont de Cubzac, on peut, sans grand excédant de dépense, adopter des dispositions qui donneraient place à une voie ferrée, à une voie charretière et à un passage de piétons ; toute difficulté se trouve ainsi levée de ce côté.

A un autre égard, les ressources destinées, en prévision, à la ligne de Marcenais à Libourne, étant reportées sur celle que nous demandons, permettraient d'atteindre les trois quarts de la distance qui sépare Cavignac de Bordeaux ; sans grands et nouveaux sacrifices, la Compagnie se trouverait dès lors en situation d'exécuter promptement une entreprise de capitale importance, quant aux résultats à obtenir.

Nous n'insistons pas davantage sur ces considérations dont Votre Excellence aura du premier coup d'œil mesuré la portée ; nous espérons qu'elle voudra bien, avant d'autoriser tout travail proposé ou nouveau, ordonner les études nécessaires et imposer au besoin à la Compagnie des Charentes, la construction d'un embranchement direct et indépendant de Cavignac ou de Marcenais avec gare à Bordeaux, comme satisfaction à l'intérêt le plus général et comme stimulant pour les relations si variées et si importantes dont notre place est l'intermédiaire ou le point d'appui.

Nous sommes, etc.

(Suivent les signatures.)

N° 37,095.

Bordeaux, le 30 avril 1870.

Le Président de la Chambre de Commerce de Bordeaux

A Monsieur le Directeur de la Compagnie des Chemins de fer des Charentes, à Paris.

Monsieur le Directeur,

La Chambre de commerce a pris connaissance de la lettre que vous lui avez adressée en date du 11 de ce mois. Elle s'est empressée d'écrire de nouveau à M. le Ministre des Travaux publics pour appuyer auprès de lui la construction d'un embranchement de Chemin de fer qui relierait la ligne principale des Charentes à Bordeaux, en passant par Saint-André-de-Cubzac. Vous trouverez sous ce pli une copie de notre dépêche.

La Chambre espère que Son Excellence, prenant en considération les motifs qui militent en faveur de ce tracé, en accordera la concession à la Compagnie des Charentes.

Agréez, etc.

Signé : Illisible.

N° 37,095.

Bordeaux, le 19 avril 1870

Les Membres composant la Chambre de Commerce de Bordeaux

A Son Excellence Monsieur le Ministre des Travaux publics.

————

MONSIEUR LE MINISTRE,

Votre Excellence nous a fait l'honneur de nous écrire le 26 mars dernier au sujet de l'embranchement de Marcenais à Libourne (Chemin de fer des Charentes).

Votre Excellence nous a fait observer que cet embranchement est compris dans la convention conclue entre l'État et la Compagnie le 18 juillet 1868, sous la réserve d'une déclaration ultérieure d'utilité publique et que, cette condition se réalisant par l'enquête, le tracé est acquis aux populations traversées.

Il nous a semblé, Monsieur le Ministre, que l'enquête était le précédent nécessaire de toute convention, précisément afin que les intérêts puissent être mis en présence et faire valoir contradictoirement les motifs qui devraient déterminer la conduite des travaux nouveaux dans telles directions plutôt que dans telles autres.

Nous avons supposé, en conséquence, que l'enquête actuellement ouverte aurait cette efficacité de déterminer, sur les lignes offrant l'intérêt le plus puissant, l'emploi des ressources de la Compagnie et des subventions de l'État.

A ce point de vue, le tronçon de Marcenais à Libourne est d'une importance très-secondaire et son exécution peut être retardée sans préjudice pour les intérêts généraux.

Au contraire, l'accès direct du Chemin des Charentes à Bordeaux est une question capitale, dont la solution affectera d'une manière extrêmement favorable les relations des contrées étendues dont notre département est le marché principal.

Si cependant l'affaire se trouvait tellement engagée que la substitution d'une entreprise à l'autre ne pût être obtenue, nous appellerions, Monsieur le Ministre, toute la bienveillante attention de Votre Excellence sur cet embranchement de Marcenais ou Cavignac à Bordeaux, et nous en solliciterions l'exécution très-prochaine.

Des études à cet égard sont d'autant plus urgentes que MM. les Ingénieurs ont préparé un projet de reconstruction du pont de Cubzac, et qu'il est important que ce travail soit dirigé de manière à faire porter au tablier une voie ferrée, une route charretière et un passage pour les piétons. Il y aurait, en effet, par ces dispositions, une économie considérable à obtenir dans l'établissement que nous demandons de notre raccord direct avec le Chemin des Charentes.

Qu'il nous soit permis de recommander cette question importante au bienveillant examen de Votre Excellence ; nous nous référons d'ailleurs aux considérations développées dans la lettre que nous avons eu l'honneur de vous adresser le 9 mars dernier ; elles conservent toute leur valeur, une fois les compétitions d'embranchement écartées.

Nous sommes, etc.

MAIRIE DE LA VILLE DE BORDEAUX

EXTRAIT du Registre des délibérations du Conseil municipal
de la Ville de Bordeaux.

Séance du 16 mai 1870.

Aujourd'hui, seize mai mil huit cent soixante-dix ;

Le Conseil municipal de la ville de Bordeaux s'est réuni dans l'Hôtel-de-Ville, lieu ordinaire de ses séances, sous la présidence de M. A. de Bethmann, maire ;

Présents à la séance :

MM. Samazeuilh, Guimard, Brunet, Dubreuilh, Lataste, Henry, Brochon, Guibert, Clémenceau, Blanchy, Baudrimont, Tandonnet, Le Rousic, Laurent, Oré, Troye, Thibaud, Lugeol, Fourcand, Cousteau, Legendre fils aîné, Gauffard, Sansas, Chaigneau, Paulet, Simiot, Godart, Manès, Sicard, Perrens, Gibert, Guépin, Secrestat aîné, Faye et Lescarret.

La séance est ouverte.

Au nom de la Commission de l'Administration locale, M. Lescarret fait le rapport suivant sur une demande de la Compagnie des Deux-Charentes, tendant à obtenir un embranchement direct sur Bordeaux.

Messieurs,

La Compagnie des Chemins de fer des Deux-Charentes sollicite du Conseil municipal de Bordeaux, comme elle l'a déjà obtenu de la Chambre de commerce, un vote favorable à l'appui de la demande qu'elle a fournie auprès du Gouvernement, de prolonger l'un des embranchements de son réseau jusqu'à Bordeaux, afin d'établir, sur une voie directe et non interrompue, la circulation des voyageurs et des marchandises entre Bordeaux et Nantes, ou plus généralement entre le midi, l'ouest et le nord-ouest de la France.

Deux tracés sont proposés pour atteindre ce résultat : l'un de Marcenais, passant par Libourne, et aboutissant à la gare Saint-Jean en décrivant une courbe assez prononcée ; et l'autre de Cavignac, se dirigeant directement sur Bordeaux par Saint-André-de-Cubzac.

Nous n'avons pas, dans les documents qui nous ont été soumis, des éléments d'appréciation pour établir une comparaison entre les deux tracés au point de vue des difficultés d'exécution qu'ils peuvent présenter. Mais, en dehors de cet élément et en n'envisageant que l'intérêt de notre ville, il est certain que nos vœux doivent se rattacher au tracé le plus direct, par Saint-André-de-Cubzac et Cavignac. Comme la Chambre de commerce de Bordeaux le fait observer dans la lettre qu'elle adresse à M. le Ministre des Travaux publics, le réseau des Charentes se trouve déjà rattaché à la ligne d'Orléans par Coutras ; et, avec les fonds affectés en prévision au tronçon de Marcenais à Libourne, on atteindrait environ les trois quarts de la distance qui sépare Cavignac de Bordeaux par une ligne directe.

La traversée de la Dordogne à Saint-André-de-Cubzac, s'élevait comme une objection sérieuse. Mais l'obstacle s'amoindrit par la nécessité dans laquelle on se trouve de reconstruire le pont qui sépare Cavignac de Bordeaux par une ligne directe.

Quoi qu'il en soit de ces deux tracés, le point essentiel pour notre ville, c'est que le réseau des Charentes, par un prolongement aussi direct que possible, ait un point d'attache avec une gare distincte, à Bordeaux. Nos relations avec Nantes sont considérables, et il importe qu'un circuit par Coutras ou par Tours, qui augmente les frais de transport, ne soit pas imposé aux marchandises et aux voyageurs.

Mais il y a une autre considération parfaitement comprise dans le mémoire que le Président du Conseil d'administration de la Compagnie des Charentes a adressé à M. le Ministre des Travaux publics ; il y a, dis-je, une autre considération qui a surtout frappé et déterminé votre Commission.

Par la force même des choses, les grandes lignes des chemins de fer, au nombre desquelles il faut placer la ligne d'Orléans, jouissent d'un monopole, quelque peu mitigé par l'action du Gouvernement, qui peut les contraindre à modérer leurs tarifs. En disant que ces Compagnies, qui ont pris les meilleures places, qui tiennent dans une sorte de dépendance tous les grands centres de production et de consommation, qui, par l'accumulation des capitaux et leur puissance, traitent d'égal à égal avec l'État, ont une tendance à user et à abuser de ce monopole, je ne serai que l'écho bien affaibli de l'opinion publique.

La concurrence des canaux et des voies navigables se présentait comme un palliatif ; dans un pays qui nous touche, en Belgique, cette concurrence a maintenu les tarifs des chemins de fer à un taux excessivement réduit ; mais en France vous connaissez quel est l'état d'imperfection de notre navigation intérieure, et néanmoins quelques grandes Compagnies, trouvant encore cette concurrence gênante, ont cherché et réussi à la faire disparaître.

Les réseaux secondaires nous paraissent appelés à jouer ce rôle utile et à contenir les exigences des grandes Compagnies ; mais pour cela il faut qu'ils ne soient pas absorbés par elles, qu'ils aient une vie propre, et, autant que possible, des aboutissants et des points d'attache distincts dans les centres qu'ils sont appelés à desservir. Si nous sommes obligés de livrer à la Compagnie d'Orléans les marchandises à destination de Nantes ou de la Bretagne, il arrivera ou que cette Compagnie leur fera parcourir le plus long trajet sur sa ligne ou que, par la combinaison de ses tarifs, elle rendra absolument sans effet la diminution de la distance parcourue.

Pour que la concurrence soit réelle, efficace, il faut que l'avantage d'avoir pour tête de ligne les principaux centres de production et de consommation ne demeure pas le privilège exclusif des grandes Compagnies.

La Compagnie des Charentes, en ouvrant à nos produits une voie directe et indépendante vers Nantes et l'ouest de la France, nous permettrait de réaliser une économie notable dans les frais de transport. Et c'est là, aujourd'hui surtout, une considération d'une extrême importance.

La création des voies ferrées et le régime économique du libre échange tendent de plus en plus à changer les conditions du commerce en lui permettant de multiplier ses opérations, mais en le contraignant, par la concurrence des marchés étrangers, à limiter et réduire ses bénéfices. Il s'établit une sorte de niveau qui se détermine par les avantages que trouvent les producteurs étrangers dans leur situation, leur génie industriel ou agricole, leurs ressources qu'ils tirent du sol, et l'économie qu'ils trouvent dans un outillage perfectionné ; une organisation défectueuse ou trop coûteuse des moyens de transport pourrait donc porter un coup mortel à un grand nombre de nos industries en ne leur permettant pas de supporter la concurrence étrangère.

La Compagnie des Charentes, qui se distingue entre tous les réseaux secondaires par sa vitalité, son esprit d'expansion et d'entreprise, en demandant à se rattacher à Bordeaux, élève une prétention légitime que nous devons appuyer auprès du Gouvernement parce qu'elle est l'expression d'un besoin et d'un progrès réels et qu'elle ne favorise pas seulement les intérêts de la Compagnie, mais encore plus les intérêts de notre commerce et de notre cité.

Sur quoi :

Considérant que la demande adressée au Gouvernement par la Compagnie des Charentes d'avoir un point d'attache avec gare distincte à Bordeaux, mérite toute la sollicitude du Conseil municipal; que c'est là, en effet, le seul moyen d'établir une concurrence sérieuse entre les deux lignes qui nous mettent en rapport avec l'ouest de la France, et en même temps d'abréger la distance à parcourir entre Bordeaux et Nantes ;

Que ce dernier résultat serait surtout atteint par le prolongement direct de Cavignac ou Saint-Mariens à Bordeaux, par Saint-André-de-Cubzac;

Le rapport de la Commission entendu,

Le Conseil municipal délibère :

ARTICLE PREMIER. — Le prolongement du réseau des Charentes, avec point d'attache et gare distincte à Bordeaux, est vivement appuyé par le Conseil municipal.

ART. 2. — Ce prolongement s'opérera autant que possible par le tracé le plus direct, et le Gouvernement sera invité à mettre à l'étude le tracé de Cavignac ou de Saint-Mariens, par Saint-André-de-Cubzac à Bordeaux.

ART. 3. — La présente délibération sera adressée par M. le Maire, à M. le Ministre des Travaux publics.

Fait et délibéré à Bordeaux, en l'Hôtel-de-Ville, le 16 mai 1870.

POUR EXPÉDITION CONFORME :

Le Maire de Bordeaux,

Signé : A. DE BETHMANN.

CONSEIL MUNICIPAL DE SAINT-SAVIN.

L'an mil huit cent soixante-dix et le six mars, à midi, les membres du Conseil municipal de Saint-Savin se sont réunis extraordinairement, au lieu ordinaire de leurs séances.

Étaient présents : MM. Chaussé, maire ; Dénéchand, adjoint ; Duval, Garsand, Étienne Jean, Page, Mandon, Routurié, Courand, Villier, Ellie Hervé, Ayguesparsse, secrétaire.

M. le Maire soumet à l'Assemblée un exemplaire du mémoire que la Compagnie des Chemins de fer des Charentes vient d'adresser à M. le Ministre des Travaux publics à l'appui de ses demandes de trois nouveaux prolongements et une lettre du directeur de la même Compagnie qui l'invite à en donner connaissance au Conseil et à provoquer une délibération motivée en faveur desdits projets.

Le Conseil, après avoir délibéré,

Considérant qu'il existe une étroite solidarité entre les intérêts de la commune qu'il représente et ceux de la Compagnie des Charentes ; que, par conséquent, rien de ce qui peut contribuer à la prospérité de cette Compagnie ne doit lui être indifférent ;

Considérant que la concession par elle demandée de trois prolongements de Chemin de fer, l'un de Tulle à Clermont et de Limoges à Clermont, l'autre de Niort au Mans et le troisième de Libourne à Bordeaux (gare Saint-Jean), ou de Saint-Savin à Bordeaux, par Saint-André-de-Cubzac, devra lui assurer des avantages considérables : 1° en lui donnant par l'agrandissement de son réseau une importance qu'elle ne saurait avoir sans cela ; 2° en assurant son indépendance vis-à-vis des Compagnies déjà existantes qui l'enveloppent de toutes parts ;

Considérant d'un autre côté que le prolongement de Saint-Savin à Bordeaux, par Saint-André-de-Cubzac, doit sans aucun doute obtenir la préférence sur celui de Libourne à Bordeaux, soit que l'on considère la question au point de vue de l'intérêt général, puisque le trajet se trouvera ainsi considérablement réduit, soit qu'on l'envisage au point de vue des intérêts girondins seulement, puisque ce tracé fera participer aux avantages qu'offre toujours aux populations le voisinage d'une voie ferrée toutes les communes du canton de Bourg, toutes celles du canton de Saint-André-de-Cubzac, qui se trouvent complètement deshéritées en ce moment, tandis que le tracé de Libourne à Bordeaux ferait double emploi avec le Chemin de fer déjà existant entre ces deux villes, et faisant partie du réseau de la Compagnie d'Orléans ;

Considérant enfin qu'il est essentiel que les prolongements dont s'agit soient concédés à la Compagnie des Charentes à l'exclusion de toutes autres Compagnies, ce qui pourrait parfaitement ne pas avoir lieu, s'il était procédé par voie d'adjudication ;

Émet à l'unanimité le vœu qu'il soit fait directement concession à la Compagnie des Charentes de trois prolongements de Chemins de fer ; 1° de Tulle à Clermont et de Limoges à Clermont ; 2° de Niort au Mans ; 3° et de Saint-Savin à Bordeaux, par Saint-André-de-Cubzac.

Invite M. le Maire à adresser à S. Exc. M. le Ministre des Travaux publics copie de sa délibération.

Fait et clos en séance les jour, mois et an susdits.

Signé au registre tous les sus-nommés.

POUR COPIE CONFORME :

Le Maire de Saint-Savin,

T. CHAUSSÉE.

DÉPARTEMENT
de la
CHARENTE-INFÉRIEURE

ARRONDISSEMENT
DE JONZAC

CANTON
DE JONZAC

EXTRAIT

DU REGISTRE DES DÉLIBÉRATIONS DU CONSEIL MUNICIPAL.

Séance du six mars mil huit cent soixante-dix.

L'an mil huit cent soixante-dix, le six du mois de mars, le Conseil municipal de la commune de Jonzac s'est réuni à sept heures et demie du soir dans l'une des salles de l'Hôtel-de-Ville, sur la convocation faite par M. le Maire, président, en vertu de l'autorisation à cet effet contenue dans la lettre de M. le Sous-Préfet en date du

Étaient présents : MM. Buffon, Barbol, Bernardin, Chotard, Coindreau, Col, Gautrel, Geneuil, Julien Labruyère, Manger et Pons.

Il est procédé à un scrutin pour la nomination d'un secrétaire. M. Chotard ayant obtenu la majorité des suffrages est proclamé en cette qualité.

Il prend place au bureau.

. . . .

. . . .

M. le Maire communique au Conseil la brochure imprimée dont il donne lecture et qui reproduit la note remise à M. le Ministre des Travaux publics par la Compagnie des Charentes, à l'appui de sa demande tendant à obtenir du Gouvernement :

1° La concession directe du Chemin de fer de Tulle à Clermont et en outre de la ligne de Limoges à Clermont, avec laquelle le Chemin de Tulle à Clermont se confond en partie, afin de pouvoir, grâce à ce prolongement, joindre désormais la Compagnie de Lyon à la Méditerranée ;

2° En même temps la concession d'un second prolongement de Niort au Mans afin d'y joindre la Compagnie de l'Ouest ;

3° Enfin la concession d'un troisième prolongement de Libourne à Bordeaux (gare Saint-Jean) afin d'y joindre la Compagnie du Midi ou de Saint-Savin à Bordeaux, par Saint-André-de-Cubzac, si cette combinaison était de nature à procurer aux intérêts bordelais une plus complète satisfaction. Après la lecture de ce document, l'échange de quelques explications sur ce qui s'y trouve contenu et sur la proposition de M. le Maire, le Conseil délibère comme suit :

Considérant que la demande formée par la Compagnie du Chemin de fer des Charentes intéresse au plus haut degré l'avenir et la prospérité des contrées traversées par son réseau ; qu'en abrégeant les parcours, elle facilite et stimule l'activité des relations industrielles ; qu'en assurant l'abaissement des frais de transport, elle répond à l'un des besoins les plus pressants de notre époque, et donne satisfaction à l'un des intérêts publics qui sollicite le plus vivement l'attention du Gouvernement ; qu'envisagée au point de vue particulier des intérêts de la Saintonge, cette demande, particulièrement en ce qui concerne le prolongement sur Bordeaux par Saint-André-de-Cubzac, présente la plus grande importance, et que son succès ne saurait manquer d'exciter la reconnaissance des populations et pour la Compagnie qui a pris cette initiative et pour le Gouvernement qui accordera la concession demandée ;

Par ces considérations, le Conseil, à l'unanimité, s'associant aux raisons émises par la Compagnie du Chemin de fer des Charentes dans le mémoire par elle présenté à M. le Ministre des Travaux publics, émet le vœu que cette demande soit favorablement accueillie par le Gouvernement, et que les concessions demandées soient accordées.

. . . .
. . . .

Plus rien ne restant à délibérer, la séance est levée et le registre signé des membres présents.

POUR EXTRAIT CERTIFIÉ CONFORME :

Le Maire de Jonzac,

Signé : GINDREAU.

VILLE DE SAINTES

DÉPARTEMENT
de la
CHARENTE-INFÉRIEURE

OBJET :
Chemins de fer des Charentes

PROLONGEMENTS

MAIRIE DE SAINTES

Séance du 25 mars.

PRÉSIDENCE DE M. VACHERIE, MAIRE

Le Conseil municipal de la ville de Saintes, légalement convoqué, s'est réuni au lieu ordinaire de ses séances, hôtel de la Mairie, en vertu de l'autorisation de M. le Sous-Préfet du 17 courant.

Étaient présents : MM. Vacherie, maire, Président; Clavier et Dumontel, adjoints; Monsmereau, Gontier, Bouvard, Robert, Amblard, Geay, Besse, Tortat, Giraudins, Mestreau, Taillasson, Chailloland, Arnauld et Tercinier. . . . .
. . . .

M. le Maire donne connaissance au Conseil municipal du mémoire présenté à S. Exc. M. le Ministre des Travaux publics, par la Compagnie des Chemins de fer des Charentes, à l'appui de sa demande de concession directe de trois prolongements, savoir :

De Tulle à Clermont et en outre de la ligne de Limoges à Clermont pour joindre la Compagnie de Lyon à la Méditerranée;

De Niort au Mans pour joindre la Compagnie de l'Ouest;

De Libourne à Bordeaux (gare Saint-Jean) pour y joindre la Compagnie du Midi ou de Saint-Savin à Bordeaux par Saint-André-de-Cubzac.

M. le Maire fait ensuite ressortir la nécessité, pour la Compagnie des Charentes, d'obtenir ces concessions; son indépendance et sa prospérité les rendent indispensables; le commerce, l'industrie les exigent comme une condition de vitalité dans cette région de la France, et d'accroissement de l'activité générale et de l'ensemble des transports au profit de toutes Compagnies.

Les prolongements demandés auraient pour résultat l'abaissement des tarifs et la réduction du parcours.

En effet, la Compagnie d'Orléans, concessionnaire des têtes de lignes à Nantes, à Angers, à Bordeaux et à Poitiers, s'empare de tout le trafic du midi, au préjudice de la Compagnie des Charentes et au désavantage du commerce et de l'industrie en faisant subir, par les longs parcours qu'elle est obligée de faire, des retards considérables aux marchandises et en faisant payer des frais de transport plus élevés. L'État, en accordant à la Compagnie des Charentes son prolongement sur Bordeaux, les marchandises à destination sur Nantes et réciproquement passeraient certainement sur le réseau des Charentes et profiteraient incontestablement du raccourci existant par Saintes, Rochefort, La Rochelle et Napoléon-Vendée.

L'intérêt général exige donc cette équitable mesure.

Il l'exige encore en ce qui concerne le prolongement demandé pour joindre la Compagnie de Lyon et la Méditerranée; les mêmes faits se reproduisent en effet à l'égard des marchandises allant de Clermont à la Rochelle. Ainsi, par la Compagnie d'Orléans, on leur fait parcourir une distance considérable, ce qui est d'abord une perte de temps et ensuite une augmentation de frais de transport, tandis qu'elles devraient passer directement par Limoges et Angoulême dont le parcours est beaucoup moins long.

En concédant à la Compagnie des Charentes ce prolongement, les retards seraient évités et la concurrence assurerait évidemment aussi l'abaissement des tarifs.

Les mêmes considérations justifient la demande de prolongement pour joindre le réseau de l'Ouest.

En outre, le prolongement vers Lyon serait une œuvre nationale, car elle appellerait, vers nos ports de l'Océan, le transit de la Suisse et de l'Allemagne du Sud.

Ces prolongements seront le complément naturel du réseau de la Compagnie des Charentes ; ils ne porteront en quoi que ce soit préjudice à la Compagnie d'Orléans, arrêteront l'abus d'un monopole regrettable, et seront, pour la Compagnie des Charentes, fille de l'initiative locale, comme le dit fort véridiquement le mémoire soumis au Conseil, une récompense méritée de ses sacrifices et de son dévouement.

Après cet exposé, M. le Maire propose au Conseil de demander de demander au Gouvernement la *concession directe* à la Compagnie des Chemins de fer des Charentes des trois prolongements dont s'agit.

Sur quoi le Conseil, à l'unanimité, déclare persister dans les vœux exprimés dans sa délibération du 5 janvier dernier.

Et émet de nouveau les vœux suivants :

Qu'il soit fait concession directe à la Compagnie des Chemins de fer des Charentes,

Du prolongement de Tulle à Clermont et, en outre, de la ligne de Limoges à Clermont pour joindre la Compagnie de Lyon à la Méditerranée ;

Du prolongement de Niort au Mans pour joindre la Compagnie de l'Ouest ;

Et du prolongement de Libourne à Bordeaux (gare Saint-Jean) pour y joindre la Compagnie du Midi ou de Saint-Savin, à Bordeaux, par Saint-André-de-Cubzac.

Ainsi délibéré et arrêté les jour, mois et an susdits, et ont, les membres présents, signé.

POUR EXTRAIT CONFORME :

Le Maire,

VACHERIE.

CHAMBRE DE COMMERCE DE ROCHEFORT.

EXTRAIT DU REGISTRE DES PROCÈS-VERBAUX.

Séance du 1er mars 1870.

PRÉSIDENCE DE M. E. CORDIER, AINÉ.

Présents : MM. E. Cordier aîné, président ; Gros, vice-président ; Ed. Petit, F. Roche, N. Cardes, F. Gros et J. Rizat.

M. le Président donne lecture à l'Assemblée d'une lettre de la Compagnie du Chemin de fer des Charentes, annonçant qu'elle vient de saisir S. Exc. M. le ministre des Travaux publics d'une demande de trois prolongements de sa ligne.

La Chambre, après examen des plans et des motifs détaillés dans une brochure qui les accompagne, émet, à l'unanimité, un vœu favorable aux projets de la Compagnie des Charentes.

Elle s'appuie sur les facilités que le public et le commerce retireront de la multiplicité des moyens de communication, de la concurrence qu'elles ont pour conséquence dans les transports et dont les intérêts généraux ne pourront que bénéficier.

Pour copie certifiée conforme au registre des délibérations.

Le Président,

E. CORDIER, aîné.

MAIRIE DE ROCHEFORT.

EXTRAIT du registre des délibérations du Conseil municipal
DE LA VILLE DE ROCHEFORT.

Séance du 30 mars 1870.

Présidence de M. L. MOLLIÈRE, Maire.

Le Conseil municipal s'est assemblé à l'Hôtel-de-Ville, à 8 heures du soir, en vertu d'une autorisation de M. le Sous-Préfet du 26 de ce mois ;

Étaient présents : MM. Auriol, Roy-Bry, Ayraud, adjoints ; Bachelier, Béhu, Bourdon, Cassaigne, Chopy, Cordier, Courbebaisse, Griffon, Philippeaux, Pouget, Roche, Salneuve, Schanutz, Vannier et Pénard, secrétaire.

CHEMINS DE FER DES CHARENTES,

DEMANDE DE TROIS PROLONGEMENTS.

M. le Maire donne lecture d'une lettre dans laquelle M. Love, directeur de la Compagnie des Charentes, le prie de provoquer une délibération du Conseil municipal en faveur de trois prolongements demandés par la Compagnie au Gouvernement, savoir :

1° Concession directe du chemin de fer de Tulle à Clermont ; et, en outre, de la ligne de Limoges à Clermont, pour joindre la Compagnie de Lyon à la Méditerrannée ;

2° Concession d'un prolongement de Niort au Mans, afin d'y joindre la Compagnie de l'Ouest ;

3° Concession d'une ligne de Libourne à Bordeaux (gare Saint-Jean), afin d'y joindre la Compagnie du Midi, ou de Saint-Savin à Bordeaux par Saint-André-de-Cubzac.

Le Conseil, après avoir délibéré, considérant que les trois prolongements demandés par la Compagnie des Charentes sont indispensables pour assurer son indépendance et sa prospérité ;

Que, par la jonction de la ligne des Charentes à celles du Lyon-Méditerranée, de

3

l'Ouest et du Midi, il s'établira forcément entre la Compagnie des Charentes et les Compagnies rivales, qui détournent aujourd'hui les marchandises de leur voie naturelle de transport, une concurrence sérieuse qui amènera l'abaissement des tarifs au grand avantage du commerce et de l'industrie ;

Considérant que les prolongements sur Clermont et sur Bordeaux sont destinés à relier, par le chemin le plus court et partant le moins onéreux, les ports de l'Océan aux départements de l'est, à la Suisse et à l'Allemagne du Sud et aux ports de la Méditerrannée ;

Que ces nouvelles voies de communication faciliteront ainsi, en le développant, le mouvement commercial existant entre la mer et l'est, l'ouest et le midi, et vice versâ ;

Émet à l'unanimité un vœu favorable à la concession des trois prolongemements demandés par la Compagnie des Charentes.

Fait et clos les jour, mois et an que d'autre part.

Rochefort, le 8 avril, 1870.

Pour copie conforme :

Le Maire,

MOLLIÈRE.

Les Membres composant la Chambre de Commerce de La Rochelle

A Monsieur le Ministre des Travaux publics, à Paris.

Monsieur le Ministre, la Chambre de commerce de La Rochelle vient de recevoir une brochure publiée par la Compagnie du Chemin de fer des Charentes, ayant pour titre : *Note remise à M. le Ministre des Travaux publics, à l'appui de sa demande de trois prolongements*. Cette brochure a vivement frappé son attention et, représentant des intérêts sérieusement engagés dans les importantes questions qu'elle soulève, elle croit devoir soumettre à Votre Excellence les observations qui suivent :

L'exposé des motifs qui portent la Compagnie des Charentes à sortir de l'état de dépendance dans lequel elle se trouve, en raison des conditions mêmes de son réseau qui est, pour ainsi dire, un corps sans tête, nous paraît des plus fondés. Il ne serait pas moins intéressant pour les contrées desservies que pour ladite Compagnie qu'elle fût affranchie des servitudes auxquelles elle est soumise, et pût se créer des relations directes au nord, à l'est et au sud, qui lui assurassent une indépendance absolue qui, du reste, ne porterait pas préjudice au trafic régulier et naturel auquel doit prétendre la Compagnie d'Orléans.

Les moyens proposés par la Compagnie des Charentes pour atteindre ce but nous semblent en général répondre aux besoins de nos contrées et remédier efficacement aux inconvénients signalés que nous avons lieu de savoir parfaitement justifiés.....

Quant à nous, ce n'est pas sans une vive sympathie que nous voyons les efforts de cette Compagnie pour se rapprocher de Lyon, par une nouvelle étape de Limoges à Clermont, dont la ligne d'Angoulême à Limoges a été le premier pas, afin de pouvoir se lier à la Compagnie de Paris à Lyon et à la Méditerranée, et mettre ainsi nos ports sur l'Océan en communication directe avec l'est de la France, la Suisse et toute l'Allemagne.

C'est le vœu le plus fervent que nous formons depuis longues années et malheureusement vainement jusqu'à ce jour..... Nous reconnaissons aussi que ce serait d'un intérêt de premier ordre que la Compagnie des Charentes pût se rattacher à Bordeaux à la Compagnie du Midi et au Mans à celle de l'Ouest; ce qui mettrait, non-seulement nos départements en relations plus faciles et plus directes avec le midi, la Bretagne et la Normandie ; mais encore ces contrées mêmes entre elles.....

Toutefois, ces nouvelles voies ou prolongements, qui assureraient certainement l'entière indépendance de la Compagnie des Charentes, devraient être faits de telle manière qu'elles traversassent des centres non encore desservis par des Chemins de fer, et que, tout en donnant de l'homogénéité à son réseau, elles ne pussent nuire ni porter préjudice aux autres Compagnies, en tant cependant que cela conserverait le trafic régulier et naturel auquel chacune d'elle a droit de prétendre. Nous penserions, en conséquence, que, pour arriver à Bordeaux, la voie par Libourne présenterait de sérieuses objections, et qu'il y aurait lieu de se diriger par Saint-Savin et Saint-André-de-Cubzac sur Bordeaux.

Sans vouloir entrer dans les considérations que ladite brochure du reste fait si bien ressortir et qui donnent à la Compagnie des Charentes des titres incontestables à la concession des lignes qu'elle sollicite, nous venons exprimer à Votre Excellence les vœux que nous formons pour que cette concession lui soit faite.

Nous sommes.....

POUR COPIE CONFORME :

Les Membres de la Chambre de commerce de La Rochelle,

Signé : G. ADMYRAULT, T. MÉNIAU, A HIVERT, B. BATHÉ, BOUFFARD, O. PLOCQUFS, MORCH.

VILLE DE SAINT-JEAN-D'ANGÉLY.

EXTRAIT du registre des délibérations du Conseil municipal.

SESSION ORDINAIRE.

Séance du 22 février 1870.

Le vingt-deux février mil huit cent soixante-dix, le Conseil municipal de Saint-Jean-d'Angély s'est réuni en session ordinaire, à l'Hôtel-de-Ville, à sept heures du soir, dans la salle ordinaire de ses délibérations, sur la convocation et sous la présidence de M. Devers, adjoint, en l'absence de M. Pichot, adjoint faisant fonction de maire.

M. le Maire communique au Conseil un mémoire relatif au prolongement projeté de différentes lignes du réseau de la Compagnie des Charentes, ainsi que la carte-indicative de ces projets ; il invite l'Assemblée à examiner ces documents et à se prononcer sur l'opportunité et le degré d'importance des prolongements dont il s'agit.

L'Assemblée, après en avoir délibéré, reconnaît que les différents projets de la Compagnie auraient pour résultat d'ouvrir de nombreux débouchés directs et économiques pour tous les pays qu'ils desserviraient.

Elle concentre plus particulièrement son attention sur la ligne de Niort à Libourne, par Saint-Jean-d'Angély, et sur son prolongement : au nord jusqu'à La Suze, près du Mans, où elle se raccorderait avec le réseau de l'Ouest ;

Au sud, jusqu'à Bordeaux où elle rencontrerait le réseau du Midi.

Et, reconnaissant l'immense avantage d'un prolongement dans les directions indiquées, prolongement qui mettrait en communication plus prompte, plus directe, et par conséquent moins onéreuse, les diverses contrées qu'il serait appelé à desservir, en reliant entre elles plusieurs provinces de l'ouest et en ouvrant à la contrée si riche que nous habitons un débouché direct vers le centre de la France par le prolongement, jusqu'à Clermont-Ferrand, de la ligne de Cognac à Limoges ;

Considérant que le prolongement de la ligne de Niort à Libourne, dans les conditions indiquées, rétablirait le mouvement commercial important existant autrefois sur les routes impériales de Caen et de Saint-Malo à Bordeaux ;

Considérant que le commerce, l'industrie et notamment l'agriculture, principale fortune des provinces de l'ouest, auraient à recueillir des bienfaits considérables de l'exécution de ces projets ;

L'assemblée émet le vœu de voir se réaliser dans un avenir très-prochain les prolongements dont il s'agit et qui répondent si bien aux besoins des populations de l'ouest.

Elle charge enfin M. le Maire de faire parvenir ce vœu à S. Exc. le Ministre des Travaux publics.

Étaient présents : MM. Devers, de Genner, Lacour, Godet, Clouzeau, Robichon, Fourestier, Meunier, de Reboul, Sicard, Bourcy, Petit, Mousnier, Giron.

POUR EXPÉDITION CONFORME :

Le Maire,

DEVERS, ADJOINT.

CONSEIL GÉNÉRAL DES DEUX-SÈVRES.

CHEMIN DE FER DU MANS A NIORT, PAR SAUMUR ET PARTHENAY.

Le rapporteur, après avoir exposé tous les avantages que le département des Deux-Sèvres retirerait de la ligne, dont la concession est demandée par la Compagnie des Chemins de fer des Charentes, propose au Conseil d'émettre le vœu suivant qui est adopté.

Le Conseil général,

Considérant que la ligne dont la concession est demandée par la Compagnie des Chemins de fer des Charentes ne serait que le prolongement naturel de la ligne de Saint-Jean-d'Angély à Niort déjà concédée à cette Compagnie ;

Considérant que ce Chemin, passant par Parthenay et Saumur pour se souder, près du Mans, au réseau de la Compagnie de l'Ouest, est destiné à créer une communication directe entre notre département et le nord-ouest de la France, et à desservir les besoins commerciaux pour lesquels a été créée la route impériale n° 138 ; que la concession de cette voie de fer serait accueillie avec une profonde reconnaissance dans tout le département des Deux-Sèvres, qui la considérerait à juste titre comme la source d'une immense prospérité ;

Émet, à l'unanimité, le vœu que S. Exc. M. le Ministre des Travaux publics concède à la Compagnie des Chemins de fer des Charentes, dans un bref délai, la ligne de Noyen ou de La Suze, près du Mans à Niort, par Saumur et Parthenay.

(SESSION D'AOUT 1869; *pages 258 et 259.)*

DÉPARTEMENT
des
DEUX-SÈVRES

VILLE DE NIORT

EXTRAIT

DU REGISTRE DES DÉLIBÉRATIONS DU CONSEIL MUNICIPAL.

SESSION ORDINAIRE.

Séance du 12 février 1870, présidée par Monsieur A. MONNET, Maire.

CHEMIN DE FER DE NIORT A LA SUZE, PRÈS DU MANS.

Monsieur le Maire s'exprime ainsi :

MESSIEURS,

Dans sa session de 1869, le Conseil général des Deux-Sèvres a émis le vœu de la création d'un Chemin de fer de Niort au Mans, qui serait le prolongement de celui déjà concédé à la Compagnie des Deux-Charentes, de Saint-Jean d'Angély à Niort.

Le plus ordinairement, lorsqu'il s'agit d'une création nouvelle, elle est d'abord sollicitée par le pays, étudiée par le Gouvernement et sanctionnée par le Corps législatif ; puis arrive la question souvent la plus difficile de la concession à une Compagnie dont les exigences sont d'autant plus grandes que la concurrence d'une Compagnie étrangère au réseau est peu à redouter. Ici, c'est le contraire qui se produit. Avant toute étude et toute sollicitation du pays, la Compagnie des Deux-Charentes demande la concession d'une voie ferrée de Niort à La Suze près du Mans. C'est pour notre pays une circonstance des plus heureuses, et tout entier il se lève aujourd'hui pour que la proposition des Deux-Charentes soit acceptée par le Gouvernement.

Les contrées à traverser sont riches dès à présent mais l'avenir augmentera leurs produits dans d'immenses proportions. Ayant pour base la Gironde, traversant la Saintonge, Saint-Jean-d'Angély, Niort, Parthenay, Saumur, Baugé, La Flèche, pour arriver presque à la Normandie, cette création répondrait à un besoin sérieux et considérable. A un autre point de vue, elle est aussi de première utilité. En jetant les yeux sur la carte, on voit la Compagnie des Charentes restreinte et enlacée par celle d'Orléans, obligée de subir toutes les conséquences de cette situation, dont il lui importe de s'affranchir. C'est dans ce but qu'elle a déjà obtenu la concession d'Angoulême à Limoges ; qu'elle doit désirer aussi celle de Niort à Ruffec pour rejoindre, à Chabannais, la ligne de Limoges ; qu'elle veut arriver au centre par Clermont, au midi par Bordeaux ; enfin, venant directement au Mans se souder à la Compagnie de l'Ouest, elle serait délivrée de ses entraves d'aujourd'hui, et aurait dès lors un développement qui assurerait sa prospérité.

Les intérêts du pays sont intimement liés à cette combinaison. Cela est si évident qu'il me paraît superflu de développer ici tous les avantages que les contrées de l'ouest trouveraient dans l'extension d'une deuxième Compagnie, venant par une concurrence utile, là comme partout, faire cesser un monopole acceptable lors de la création première des chemins de fer, mais qui est devenu un obstacle au développement de l'industrie par le maintien de tarifs et de parcours kilométriques auxquels on ne peut se soustraire. Il ne m'est pas possible d'entrer ici dans tous les développements que comporterait cette question si capitale pour le progrès industriel de notre pays. Il est ému de l'avenir qu'il entrevoit, et se réjouit de voir que la question la plus difficile du projet est tranchée, puisqu'une Compagnie sérieuse en demande la concession.

J'ai l'honneur, Messieurs, de proposer au Conseil municipal de Niort d'émettre sur cette grave question un vœu conforme à celui déjà exprimé par le Conseil général du département, dans sa session de 1869.

Le Conseil s'associe aux considérations de M. le Maire, et émet le vœu, à l'unanimité, qu'un Chemin de fer soit créé partant de Niort et aboutissant à ou près du Mans, et que la concession en soit faite à la Compagnie des Deux-Charentes.

(*Suivent les signatures.*)

POUR COPIE CONFORME :

Le Maire,

A. MONNET.

4

Du Registre des délibérations du Tribunal de Commerce de Niort,
a été extrait ce qui suit :

Le Tribunal,

Considérant que la Compagnie des Chemins de fer des Charentes a demandé au Gouvernement le prolongement de sa ligne de Saint-Jean-d'Angély à Niort, jusqu'à La Suze, près du Mans, par Parthenay, Saumur, Baugé et La Flèche ;

Considérant que le Conseil général des Deux-Sèvres, dans sa session ordinaire de 1869, a émis à l'unanimité le vœu que cette concession fût accordée à la Compagnie ;

Considérant qu'il est du plus grand intérêt pour l'industrie du pays que les transports soient abaissés autant que possible, afin qu'elle puisse lutter sur le marché de Paris avec les établissements qui en sont plus rapprochés, et qu'elle puisse soutenir la lutte avec l'industrie étrangère dont la concurrence est la conséquence des traités de commerce ;

Considérant que Niort et les environs ne sont desservis que par la Compagnie d'Orléans ; que cette Compagnie ne se trouve en présence ni d'un fleuve navigable ni de canaux, et qu'elle profite de cette situation pour n'accorder aucune réduction sur ses transports, ou du moins, pour n'en accorder que d'insignifiantes, et ce, au préjudice du commerce et de l'industrie ;

Considérant que si la concession d'un Chemin de fer de Niort à La Suze était accordée à la Compagnie des Charentes, et si, plus tard, elle se raccordait à Bordeaux avec le chemin du Midi, elle arriverait à établir une communication directe d'abord entre Niort et le nord-ouest de la France, et, en outre, entre Bordeaux et la même région ; que l'échange de ses produits s'opérant entre ces pays est considérable, et que l'abaissement du prix de transport résultant de cette nouvelle voie serait d'une immense utilité pour les points traversés ;

Considérant que Niort serait ainsi mis en communication avec Parthenay et que l'agriculture et l'industrie de cette région, aujourd'hui privées de voies de fer, en retireraient les plus grands avantages ;

Considérant que la meilleure preuve que cette voie répond à un besoin réel, c'est qu'elle reconstitue l'ancien parcours de la route impériale n° 138 de Bordeaux à Caen et à Rouen ;

Émet le vœu que le Gouvernement concède dans le plus bref délai possible à la Compagnie des Chemins de fer des Charentes la ligne de Niort à La Suze près du Mans, passant par Parthenay, Loudun, Saumur, Baugé et La Flèche, et que cette ligne soit exécutée aussi promptement que le permettra la nature des travaux.

Niort, le 8 février 1870

Le Président du Tribunal de Commerce
Signé : E. NOIROT

Le Greffier,
Signé : MAINFERME.

La Chambre consultative des arts et manufactures de Niort, consultée sur la concession de la ligne de Niort à La Suze, près le Mans, qui est réclamée par la Compagnie des Chemins de fer des Deux-Charentes a été d'avis des résolutions suivantes :

LA CHAMBRE,

Considérant que la Compagnie des Chemins de fer des Charentes a demandé au Gouvernement le prolongement de sa ligne de Saint-Jean d'Angély à Niort jusqu'à La Suze, près du Mans, par Parthenay, Saumur, Baugé et La Flèche;

Considérant que le Conseil général des Deux-Sèvres, dans sa session ordinaire de 1869, a émis à l'unanimité le vœu que cette concession fût accordée à la Compagnie;

Considérant qu'il est du plus grand intérêt pour l'industrie du pays que les tarifs de transport soient abaissés autant que possible, afin qu'elle puisse lutter sur le marché de Paris avec les établissements qui en sont plus rapprochés, et qu'elle puisse soutenir la lutte avec l'industrie étrangère dont la concurrence est la conséquence des traités de commerce;

Considérant que Niort et les environs ne sont desservis que par la Compagnie d'Orléans, que cette Compagnie ne se trouve en présence ni d'un fleuve navigable, ni de canaux, et qu'elle profite de cette situation pour n'accorder aucune réduction sur ses transports, ou, du moins, pour n'en accorder que d'insignifiantes, et ce au préjudice du commerce et de l'industrie;

Considérant que si la concession d'un Chemin de fer de Niort à La Suze était accordée à la Compagnie des Charentes, et si plus tard elle se raccordait à Bordeaux avec le Chemin du Midi, elle arriverait ainsi à établir une communication directe d'abord entre Niort et le nord-ouest de la France, et en outre entre Bordeaux et la même région, que l'échange des produits s'opérant entre ces pays est considérable, et que l'abaissement du prix de transport résultant de cette nouvelle voie serait d'une immense utilité pour les points traversés;

Considérant que Niort serait ainsi mis en communication avec Parthenay, et que l'agriculture et l'industrie de cette région, aujourd'hui privée de voies de fer, en retireraient les plus grands avantages;

Considérant que la meilleure preuve que cette voie répond à un besoin réel, c'est qu'elle reconstitue l'ancien parcours de la route impériale n° 138 de Bordeaux à Caen et à Rouen;

Émet le vœu que le Gouvernement concède, dans le plus bref délai possible, à la Compagnie des Chemins de fer des Charentes, la ligne de Niort à La Suze près du Mans, passant par Parthenay, Loudun, Saumur, Baugé et La Flèche, et que cette ligne soit exécutée aussi promptement que le permettra la nature des travaux.

Niort, le onze février mil huit cent soixante-dix.

LE PRÉSIDENT DE LA CHAMBRE CONSULTATIVE DES ARTS ET MANUFACTURES,

Signé : E. HOIROT.

DÉPARTEMENT
des
DEUX-SÈVRES

VILLE
de
CHAMPDENIERS

PÉTITION ADRESSÉE A SON EXCELLENCE M. LE MINISTRE DES TRAVAUX PUBLICS, PAR LES HABITANTS DE LA VILLE DE CHAMPDENIERS.

CHEMIN DE NIORT A LA SUZE, PRÈS DU MANS.

MONSIEUR LE MINISTRE,

Le Conseil général des Deux-Sèvres, dans sa session de mil huit cent soixante-neuf, a émis le vœu de la création d'un Chemin de fer de Niort au Mans, traversant, du sud au nord, toute l'étendue de notre département, que les lignes en exploitation, ou définitivement concédées, ne font actuellement qu'effleurer.

Aujourd'hui, la Compagnie des Deux-Charentes est en instance auprès du Gouvernement, pour obtenir la concession du Chemin de fer sur lequel le Conseil général avait déjà appelé son attention; en même temps, cette Société sollicite divers embranchements lui permettant d'établir une concurrence à la Compagnie d'Orléans, sur tout son parcours.

Le réseau des Charentes, aujourd'hui enclavé de toutes parts par la Compagnie d'Orléans, se relierait au nord avec le chemin de fer de l'Ouest, à l'est avec le Lyon-Méditerranée, et à Bordeaux avec la ligne du Midi, établissant ainsi des chemins parallèles aux voies exploitées par l'Orléans, et créant partout une utile concurrence dont le premier résultat serait de faire baisser les tarifs de transports si onéreux pour les populations.

Ainsi, toutes les marchandises dites encombrantes, et parmi elles, la houille si nécessaire à l'industrie et à la fabrication de la chaux, la chaux elle-même si utile à l'agriculture, nous parviendraient avec économie et célérité, c'est-à-dire à des prix bien moindres que ceux que la Compagnie d'Orléans a maintenus jusqu'ici.

Nos approvisionnements en bois de feu seraient moins coûteux, par suite de l'arrivée des produits de la Gâtine, aujourd'hui sans débouché, sur notre place, et les calcaires d'Echiré, voiturés à moins de frais, nous permettraient de bâtir à bien meilleur compte.

Il ne faut point oublier aussi, que la nouvelle voie de Bordeaux à Paris serait parcourue par des trains express et nous assurerait tous les avantages des grandes lignes. Par notre chemin de fer nous communiquerions plus rapidement avec certaines contrées, notamment avec Bordeaux, Lyon et tout le midi d'une part, Paris, l'Angleterre, la Bretagne et la Normandie de l'autre, qu'en allant rejoindre à Niort ou à Saint-Maixent, les lignes actuelles.

Au point de vue de l'intérêt de notre département, nous prions Monsieur le Ministre de remarquer de quelle importance serait pour la Compagnie un chemin de fer traversant un pays déjà riche et dont la prospérité ne pourrait que s'accroître dans d'immenses proportions par suite de la facilité des transports. C'est ici le lieu de faire observer que toutes les lignes créées dans notre département ont donné des résultats de beaucoup supérieurs aux prévisions des Compagnies. Il n'en saurait être autrement de la voie nouvelle dont le tracé parcourt des contrées à productions fort différentes, preuve certaine de l'importance des trafics.

Les marchands des provinces éloignées, qui fréquentent nos foires, s'y rendaient plus commodément ; les livraisons de bestiaux se feraient à notre gare, même sans déplacement onéreux pour les cultivateurs, et nos aubergistes bénéficieraient du séjour des animaux dans leurs écuries, dans l'impossibilité où l'on serait de les expédier tous dès le soir de la foire.

Enfin, si l'on en croit les rapports fournis par plusieurs ingénieurs et notamment par M. Hozlin, notre canton fournirait à la Compagnie des houilles au moins égales à celles de la Vendée ; la prospérité du canton de Coulonges peut faire présager quelle serait la nôtre, si nos mines de charbon de terre venaient enfin à être exploitées.

Les habitants de la ville de Champdeniers approuvant les vœux déjà émis par le Conseil général des Deux-Sèvres et les Municipalités des localités situées sur le tracé de la ligne de Niort au Mans, viennent solliciter de Votre Excellence la concession, dans un bref délai, à la Compagnie des Deux-Charentes, de la ligne de Niort à La Suze, près du Mans, passant par Echiré, Champdeniers, Mazières et Parthenay.

Ils ont l'honneur d'être, avec le plus profond respect, Monsieur le Ministre, de Votre Excellence, les très-humbles et très-obéissants serviteurs,

Le Maire,

SAINT-MARC.

(Suivent les signatures.)

DÉPARTEMENT
des
DEUX-SÈVRES

ARRONDISSEMENT
DE NIORT

COMMUNE
DE CHAMPDENIERS

OBJET :
CHEMIN DE FER
de
NIORT A LA SUZE

EXTRAIT

DU REGISTRE DES DÉLIBÉRATIONS DU CONSEIL MUNICIPAL DE LA COMMUNE
DE CHAMPDENIERS.

Séance ordinaire du mois de février 1870.

L'an mil huit cent soixante-dix, le 4 février, onze heures et demie du matin.

Le Conseil municipal de la commune de Champdeniers, dûment convoqué par M. le Maire, s'est assemblé au lieu ordinaire de ses séances, hôtel de la mairie.

Présents : MM. Saint-Marc, Barreault, Joyeux, Dupont, Fayard, Belleculée, Proust, docteur, et Primault.

Absents : MM. Tribert, Proust, Jarry et Maynier, docteur.

M. le Maire déclare la session ouverte et invite l'Assemblée à procéder à la nomination d'un secrétaire; le scrutin secret ayant donné la majorité à M. Primault, ce dernier prend place au bureau.

M. le Maire communique une demande adressée à M. le Ministre des Travaux publics par la Compagnie des Chemins de fer des Charentes, relative à la concession de diverses lignes devant compléter le réseau de cette Compagnie, et attire plus particulièrement l'attention du Conseil sur le prolongement au nord de la ligne de Libourne à Niort, prolongement qui desservirait Parthenay, Saumur, Baugé, La Flèche, La Suze, Le Mans et Paris.

Après en avoir délibéré, au point de vue de l'intérêt général :

Considérant que le Gouvernement en accordant ces diverses concessions ferait acte de bonne justice distributive;

Considérant en outre qu'en obéissant ainsi au grand principe toujours fécondant de la libre concurrence, le Gouvernement favoriserait les intérêts bien entendus du commerce, de l'industrie, de l'agriculture et de la plus grande masse des consommateurs ;

Puis, dans l'intérêt de la population qu'il représente :

Considérant que le canton de Champdeniers est situé en dehors des lignes de fer actuellement concédées ou en exploitation; considérant que ce canton ainsi mis à l'écart est éminemment agricole et producteur ;

Considérant aussi que les produits de ce canton sont en grande partie exportés, et que, faute de moyens de transports rapides et peu coûteux, ces produits subissent une dépréciation considérable au grand préjudice des producteurs et sans bénéfices pour les consommateurs ;

Considérant que les foires de Champdeniers, les plus importantes du Poitou, sont de temps immémorial suivies par les habitants de la Provence, du Languedoc et de l'Espagne qui sont sûrs d'y trouver les plus belles mules dont ces contrées ont besoin, et que l'exploitation pour l'Amérique y vient également faire ses achats ;

Considérant que la livraison des bestiaux de toute espèce vendus à ces foires ne se fait souvent qu'à une gare éloignée du lieu des transactions et qu'il en résulte toujours des déplacements pénibles et fort onéreux pour les agriculteurs;

Considérant que Champdeniers, situé à peu près à égale distance entre Niort et Parthenay, est la seule localité assez importante par sa population aglomérée, ses foires, son commerce et son industrie, et que la Compagnie des Deux-Charentes méconnaîtrait gravement son intérêt personnel, si elle ne faisait quelques efforts pour desservir ce chef-lieu de canton, canton qui, par sa position exceptionnelle, est destiné à devenir le centre d'entrepôts considérables vers lequel convergeraient, pour être expédiés, les bois d'ouvrage de toute sorte, tels que bois de marine, rais, lattes, cercles, merrains et les charbons de bois, produits réguliers des bois de l'État et de ceux plus nombreux encore des propriétés privées;

Considérant enfin qu'à ces divers produits viendront s'ajouter les amendements agricoles fournis par plusieurs fours à chaux; que la consommation de ces amendements, si nécessaires à l'agriculture, ne peut qu'augmenter par suite d'un abaissement de prix inévitable, car l'établissement de la ligne projetée amènera forcément l'exploitation du gisement houiller qu'elle traversera en passant sur notre canton, gisement dont la richesse est au moins égale à celui de la Vendée, si l'on croit les dires de plusieurs ingénieurs, et notamment l'avis de M. Hozlin, chargé naguère de l'étude du tracé de la ligne d'Angers à Niort;

Par tous ces motifs, et en présence des avantages nombreux que le commerce, l'industrie et l'agriculture auraient à recueillir de l'établissement d'un Chemin de fer de Niort à La Suze près Le Mans, le Conseil émet le vœu que le Gouvernement concède à bref délai, à la Compagnie des Charentes, la ligne projetée passant par Champdeniers, Parthenay, Saumur, Baugé, La Flèche, La Suze.

N'ayant plus rien à l'ordre du jour, M. le Maire lève la séance et la déclare terminée.

Ainsi délibéré en mairie à Champdeniers, les jour, mois et an susdits.

Et ont, tous les membres présents, signé après lecture.

Le Maire,

Signé : SAINT-MARC.

Signé : P. T. PROUST D. M. P., PRIMAULT D. M. P., P. BARREAULT, BELLECULÉE (ALEXIS), CH. DUPONT, M. JOYEUX, PROUST, JARRY, FAYARD, MAYNIER D. M. P., TRIBERT.

CONSEIL MUNICIPAL DE MAZIÈRES.

Extrait du registre des délibérations.

Aujourd'hui, six février mil huit cent soixante-dix, à midi, les membres du Conseil municipal de la commune de Mazières se sont réunis au lieu habituel de leurs séances, à la mairie, pour la session ordinaire du mois de février, sous la présidence du maire de ladite commune.

Étaient présents : MM. Lorigné, Girard, Rougier, Chabautz, Guichard, Follet, Boissonnet, Baraton, Touzet, maire

Le Président fait au Conseil l'exposé suivant :

Messieurs, dans sa session dernière le Conseil général des Deux-Sèvres a émis le vœu de la création d'un Chemin de fer de Niort au Mans, qui serait le prolongement de celui déjà concédé à la Compagnie des Deux-Charentes, de Saint-Jean-d'Angély à Niort.

Vous comprendrez, Messieurs, toute l'importance de ce projet ; déjà, en 1865, le Conseil municipal de Parthenay, aux vœux duquel vous vous êtes associés, frappé de l'infériorité de notre pays sous le rapport des communications, avait demandé la concession d'une ligne de Nantes à Poitiers, par Cholet et Parthenay : dès aujourd'hui, on peut considérer comme un fait accompli l'exécution complète de ce projet.

La ligne qui nous occupe est plus intéressante encore pour nous : la Compagnie des Deux-Charentes demande la concession d'une voie ferrée de Niort à La Suze près du Mans, desservant, Niort, Parthenay, Loudun, Saumur, Baugé et La Flèche, pour arriver jusqu'en Normandie ; et avec grande probabilité de stations intermédiaires comme Champdeniers et Mazières, notre pays. Avec cette Compagnie des Deux-Charentes naît la concurrence à la Compagnie d'Orléans dont le monopole avait dû être subi jusqu'à présent, concurrence utile comme partout, et dont le résultat inévitable sera la diminution des tarifs qui grèvent le transport de nos denrées.

Sans entrer dans d'autres développements que comporterait cette question, si capitale pour notre agriculture, j'ai l'honneur, Messieurs, de vous proposer d'émettre sur ce sujet un vœu conforme à celui déjà exprimé par le Conseil général des Deux-Sèvres, dans sa session de mil huit cent soixante-neuf.

Après en avoir délibéré, le Conseil municipal de Mazières émet, à l'unanimité, le vœu que le Gouvernement appréciant toute l'importance de ce projet, concède dans un bref délai, à la Compagnie des Deux-Charentes, la voie ferrée de Niort à La Suze près du Mans, passant par Champdeniers, Mazières, Parthenay, Loudun, Saumur, Baugé et La Flèche.

Délibéré en Conseil, les jours, mois et an que dessus. Le registre est signé : Lorigné, Girard, Rougier, Chabautz, Guichard, Follet, Boissonnet, Baraton, conseillers municipaux, et Pouzet, maire.

POUR EXTRAIT CONFORME :

En Mairie, à Mazières, le 7 février 1870.

Le Maire,

Signé : POUZET.

EXTRAIT

DU REGISTRE DES DÉLIBÉRATIONS DE LA COMMUNE DE SAINTE-PEZENNE.

Séance ordinaire du 11 février 1870.

L'an mil huit cent soixante-dix, le onze février, à midi, le Conseil municipal de la commune de Sainte-Pezenne, dûment convoqué, s'est réuni à la mairie, sous la présidence de M. Boisseaux, maire de ladite commune, pour la session ordinaire du mois de février.

Présents : MM. Ferdinand Christian, Motheau, Jean Chaigneau, Hurteau Poulard, Méteyer, Borreau et Boisseau, maire.

M. le Maire a donné lecture de l'exposé suivant :

MESSIEURS,

D'après la demande qui m'en a été faite par M. le Maire de Niort, je soumets à votre examen une affaire importante qui intéresse non-seulement les deux cantons de Niort et, par conséquent, la commune de Sainte-Pezenne, mais encore le département tout entier.

Il s'agit de la création d'un nouveau Chemin de fer, qui, de Niort se dirigerait sur la ville du Mans en traversant les contrées aujourd'hui desservies par la route impériale de Bordeaux à Rouen, c'est-à-dire dans la direction de Parthenay, Baugé, La Flèche; et, à partir du Mans par les Chemins qui existent déjà, on serait en communication avec la Normandie et le nord de la France. Ce nouveau Chemin de fer ne serait que la prolongation de celui de Saint-Jean-d'Angély à Niort, déjà concédé à la Compagnie des Deux-Charentes.

Il me paraît évident que cette nouvelle voie présente un avantage incontestable en ce qu'elle abrégera la distance pour, de nos contrées, atteindre les parties ouest et nord de la France, en évitant les longs parcours que l'on est obligé de franchir aujourd'hui en empruntant le Chemin de fer d'Orléans. En outre, tout porte à croire que ce nouveau Chemin de fer sera exécuté parce que la Compagnie des Deux-Charentes en demande la concession pour donner plus de développement aux lignes qu'elle possède déjà.

On ne peut prévoir maintenant quelles seront les communes qui seront traversées par ce nouveau Chemin de fer parce que son tracé sera l'objet d'études qui seront ultérieurement faites, mais quel que soit le résultat de ces études, en supposant qu'il serait établi sur le sol de notre commune, nous ne devons guère espérer avoir une station à Sainte-Pezenne ou à Surimeau parce que nous sommes trop rapprochés de Niort où il y aura une gare.

Par les considérations que je viens de développer, je crois, Messieurs, que le Chemin

5

de fer que la Compagnie des Deux-Charentes demande à créer sera avantageux à nos contrées et, si vous partagez ma conviction, je vous prie de donner un avis favorable à la création de ce Chemin.

Le Conseil municipal, après avoir entendu l'exposé qui précède,

Vu la circulaire du 5 janvier dernier, par laquelle la Compagnie des Deux-Charentes expose qu'elle s'est adressée à Son Excellence M. le Ministre des Travaux publics pour obtenir la concession de divers Chemins parmi lesquels se trouve celui de Niort à La Suze, près Le Mans;

Après en avoir délibéré,

Considérant que le Chemin précité ne peut qu'accroître la prospérité du pays en facilitant le transport des voyageurs et des marchandises avec la partie nord du département des Deux-Sèvres;

Émet l'avis que la création du Chemin de fer de Niort à La Suze, près Le Mans, soit déclaré d'utilité publique et que la concession en soit faite à la Compagnie des Deux-Charentes.

Aucun autre objet n'ayant été mis en délibération, M. le Président a levé la séance.

En Conseil à Sainte-Pezenne, les jours, mois et an que dessus et ont signé les membres présents après lecture.

Ont signé au registre : F. Christian, J.-B. Borreau, J. Chaigneau, P. Poulard, Méteyer, Ch. Hurteau, L. Motheau et Boisseaux, maire.

POUR COPIE CONFORME :

En Mairie, à Sainte-Pezenne, le 12 février 1870.

Le Maire.

Signé : BOISSEAUX.

DÉPARTEMENT
des
DEUX-SÈVRES

COMMUNE
de
T-CHRISTOPHE-SUR-ROC

PÉTITION ADRESSÉE A SON EXCELLENCE LE MINISTRE DES TRAVAUX PUBLICS,

PAR LES HABITANTS DE LA COMMUNE DE SAINT-CHRISTOPHE-SUR-ROC.

CHEMIN DE FER DE NIORT A LA SUZE, PRÈS DU MANS.

MONSIEUR LE MINISTRE,

Le Conseil général des Deux-Sèvres, dans sa session de 1869, a émis le vœu de la création d'un Chemin de fer de Niort au Mans, traversant du sud au nord toute l'étendue de notre département que les lignes en exploitation ou définitivement concédées ne font actuellement qu'effleurer.

Aujourd'hui la Compagnie des Deux-Charentes est en instance auprès du Gouvernement pour obtenir la concession du Chemin de fer sur lequel le Conseil général avait déjà appelé son attention ; en même temps cette Société sollicite divers embranchements lui permettant d'établir une concurrence à la Compagnie d'Orléans sur tout son parcours.

Le réseau des Charentes aujourd'hui enclavé de toutes parts par la Compagnie d'Orléans, se relierait, au nord avec le chemin de fer de l'Ouest, à l'est avec le Lyon-Méditerranée et à Bordeaux avec la ligne du Midi, établissant ainsi des Chemins parallèles aux voies exploitées par l'Orléans et créant partout une utile concurrence dont le premier résultat serait de faire baisser les tarifs de transports si onéreux pour les populations.

Au point de vue de l'intérêt de notre département, nous prions Monsieur le Ministre de remarquer de quelle importance serait pour la Compagnie un Chemin de fer traversant un pays déjà riche et dont la prospérité ne pourrait que s'accroître dans d'immenses proportions par suite de la facilité des transports.

Les produits de notre région agricole et les engrais qui lui sont nécessaires seraient transportés à bas prix, de leur lieu de production, là ou ils peuvent être utilisés et nous ne verrions plus nos cultivateurs obligés à des déplacements onéreux et pénibles pour les livraisons de bestiaux auxquelles donnent lieu nos foires importantes.

Enfin, si l'on en croit les rapports fournis par plusieurs ingénieurs et notamment par M. Hozlin, notre canton fournirait à la Compagnie des houilles de qualité au moins égale à celles de la Vendée. La prospérité du canton de Coulonges peut faire présager quelle serait la nôtre si nos mines de charbon venaient enfin à être exploitées.

Les villes situées sur le tracé de la ligne de Niort au Mans soutiennent déjà près du Gouvernement les efforts de la Compagnie des Deux-Charentes pour obtenir la concession de cette voie nouvelle; aujourd'hui les communes rurales du parcours viennent aussi joindre leurs instances à celles du Conseil général des Deux-Sèvres et de la Compagnie.

Les habitants de la commune de Saint-Christophe-sur-Roc approuvant les vœux déjà émis per le Conseil général des Deux-Sèvres et les Municipalités des localités situées sur le tracé de la ligne de Niort au Mans, viennent solliciter de Votre Excellence la concession dans un bref délai, à la Compagnie des Deux-Charentes, de la ligne de Niort à La Suze, près du Mans, passant par Échiré, Champdeniers, Mazières et Parthenay.

Ils ont l'honneur d'être, avec le plus profond respect, Monsieur le Ministre, de Votre Excellence, les très-humbles et très-obéissants serviteurs.

(Suivent les signatures.)

TEMENT
des
-SÈVRES

ISSEMENT
NIORT

NTON
IPDENIERS

IMUNE
de
OPHE-SUR-ROC

CHEMIN DE FER DE NIORT A LA SUZE, PRÈS DU MANS, PASSANT PAR NIORT, PARTHENAY, LOUDUN, SAUMUR, BAUGÉ ET LA FLÈCHE.

———

Le Conseil municipal de la commune de Saint-Christophe-sur-Roc,

Considérant que le canton de Champdeniers est situé en dehors des lignes de fer actuellement concédées ou en exploitation ;

Considérant que ce canton est éminemment agricole et producteur ;

Considérant que plusieurs de ses produits, faute de débouchés suffisants, subissent une dépréciation considérable ;

Considérant que les foires de Champdeniers, les plus importantes du Poitou, sont suivies par les habitants de la Provence, du Languedoc et même de l'Espagne ; que ses bestiaux, et surtout ses mules, sont l'objet d'une exportation considérable ; qu'actuellement la livraison des animaux vendus se fait souvent à une gare fort éloignée du lieu de production, et qu'il en résulte des déplacements pénibles et onéreux pour les agriculteurs ;

Considérant qu'il n'existe point de localité entre Parthenay et Niort aussi importante que Champdeniers par sa population, ses foires, son commerce et son industrie, et que la Compagnie des Deux-Charentes méconnaîtrait gravement ses intérêts personnels, si elle ne faisait tous ses efforts pour desservir ce chef-lieu de canton ;

Émet le vœu que le Gouvernement, considérant tous les avantages que le département des Deux-Sèvres aurait à recueillir de l'établissement d'un Chemin de fer de Niort à La Suze, près du Mans, concède dans un bref délai, à la Compagnie des Deux-Charentes, la ligne projetée passant par Parthenay, Loudun, Saumur, Baugé et La Flèche, et que la Compagnie des Deux-Charentes établisse une gare à Champdeniers, si elle obtient ladite concession.

Le Maire,

Signé : F. FAIDY.

Les Conseillers municipaux,

Signé : J. ASLLÉ, GUÉRIN Louis, PRASLIN, VICHE, Jean MASSE, Jules PIÉ, L. REDIEU.

DÉPARTEMENT
des
DEUX-SÈVRES

COMMUNE
DE COURS

PÉTITION ADRESSÉE A SON EXCELLENCE LE MINISTRE DES TRAVAUX PUBLICS,

PAR LES HABITANTS DE LA COMMUNE DE COURS.

CHEMIN DE FER DE NIORT A LA SUZE, PRÈS DU MANS.

MONSIEUR LE MINISTRE,

Le Conseil général des Deux-Sèvres, dans la session de 1869, a émis le vœu de la création d'un Chemin de fer de Niort au Mans, traversant du sud au nord toute l'étendue de ce département, que les lignes en exploitation ou définitivement concédées ne font actuellement qu'effleurer.

Aujourd'hui, la Compagnie des Deux-Charentes est en instance auprès du Gouvernement pour obtenir la concession du Chemin de fer, sur lequel le Conseil général avait déjà appelé son attention; en même temps, cette Société sollicite divers embranchements, lui permettant d'établir une concurrence à la Compagnie d'Orléans sur tout son parcours.

Le réseau des Charentes, aujourd'hui enclavé de toutes parts par la Compagnie d'Orléans, se relierait au nord avec le Chemin de fer de l'Ouest, à l'est avec le Lyon-Méditerranée, et à Bordeaux avec la ligne du Midi, établissant ainsi des Chemins parallèles aux voies exploitées par l'Orléans et créant partout une utile concurrence dont le premier résultat serait de faire baisser les tarifs de transports si onéreux pour les populations.

Au point de vue de l'intérêt de notre département, nous prions Monsieur le Ministre, de remarquer de quelle importance serait pour la Compagnie un chemin de fer traversant un pays déjà riche et dont la prospérité ne pourrait que s'accroître dans d'immenses proportions, par suite de la facilité des transports; les produits de notre région agricole et les engrais qui lui sont nécessaires seraient transportés, à bas prix, de leur lieu de production, là où ils peuvent être utilisés, et nous ne verrions plus nos cultivateurs obligés à des déplacements onéreux et pénibles, pour les livraisons des bestiaux auxquelles donnent lieu nos foires si importantes.

Enfin si l'on en croit les rapports fournis par plusieurs ingénieurs et notamment par M. Hozlin, notre canton fournirait des houilles de qualité au moins égale à celles de la Vendée.

La prospérité du canton de Coulonges peut faire présager quelle serait la nôtre si nos mines de charbon de terre venaient enfin à être exploitées.

Les villes situées sur le tracé de la ligne de Niort au Mans soutiennent déjà près du Gouvernement les efforts de la Compagnie des Deux-Charentes, pour obtenir la concession de cette voie nouvelle ; aujourd'hui, les communes rurales du parcours viennent aussi joindre leurs instances à celles du Conseil général des Deux-Sèvres et de la Compagnie.

Les habitants de la commune de Cours, approuvant les vœux déjà émis par le Conseil général des Deux-Sèvres et les Municipalités des localités sur le tracé de la ligne de Niort au Mans, viennent solliciter de Votre Excellence la concession dans un bref délai, à la Compagnie des Deux-Charentes, de la ligne de Niort à La Suze, près du Mans, passant par Echiré, Champdeniers, Mazières et Parthenay.

Ils ont l'honneur d'être, avec le plus profond respect, Monsieur le Ministre, de Votre Excellence, les très-humbles et très-obéissants serviteurs.

Le Maire,

CATHELINEAUD.

(Suivent les signatures.)

DÉPARTEMENT
des
DEUX-SÈVRES

ARRONDISSEMENT
DE NIORT

CANTON
DE CHAMPDENIERS

COMMUNE
DE COURS

CHEMIN DE FER DE NIORT A LA SUZE, PRÈS DU MANS, PASSANT PAR NIORT, PARTHENAY, LOUDUN, SAUMUR ET LA FLÈCHE.

Le Conseil municipal de la commune de Cours,

Considérant que le canton de Champdeniers est situé en dehors des lignes de fer actuellement concédées ou en exploitation ;

Considérant que ce canton est éminemment agricole et producteur ;

Considérant que plusieurs de ses produits, faute de débouchés suffisants, subissent une dépréciation considérable ;

Considérant que les foires de Champdeniers, les plus importantes du Poitou, sont suivies par les habitants de la Provence, du Languedoc et même de l'Espagne ; que ses bestiaux, et surtout ses mules, sont l'objet d'une exportation considérable, qu'actuellement la livraison des animaux vendus se fait souvent à une gare fort éloignée du lieu de production et qu'il en résulte des déplacements pénibles et onéreux pour les agriculteurs.

Considérant qu'il n'existe point de localités entre Parthenay et Niort aussi importante que Champdeniers par sa population, ses foires, son commerce et son industrie et que la Compagnie des Deux-Charentes méconnaîtrait gravement ses intérêts personnels si elle ne faisait tous ses efforts pour desservir ce chef-lieu de canton ;

Émet le vœu que le Gouvernement, considérant tous les avantages que le département des Deux-Sèvres aurait à recueillir de l'établissement d'un Chemin de fer de Niort à La Suze, près du Mans, concède dans un bref délai, à la Compagnie des Deux-Charentes, la ligne projetée passant par Parthenay, Loudun, Saumur, Baugé et La Flèche et que la Compagnie des Deux-Charentes établisse une gare à Champdeniers si elle obtient ladite concession.

Le Maire,

Signé : CATHELINEAUD.

Les Conseillers municipaux :

Signé : Louis CHAUZUT, André PILLOT, A. GUTHAU, GOUBAUD Jacques, Louis CATHELINEAUD, J. BREILLARD, L. SIMONNET, adjoint.

PÉTITION ADRESSÉE A SON EXCELLENCE LE MINISTRE DES TRAVAUX PUBLICS,

PAR LES HABITANTS DE LA COMMUNE DE LA CHAPELLE-BATON.

CHEMIN DE FER DE NIORT A LA SUZE, PRÈS DU MANS.

MONSIEUR LE MINISTRE,

Le Conseil général des Deux-Sèvres, dans sa session de 1869, a émis le vœu de la création d'un Chemin de fer de Niort au Mans, traversant du sud au nord toute l'étendue de notre département que les lignes en exploitation ou actuellement concédées ne font actuellement qu'effleurer.

Aujourd'hui la Compagnie des Deux-Charentes est en instance auprès du Gouvernement pour obtenir la concession du chemin de fer sur lequel le Conseil général avait déjà appelé son attention ; en même temps cette société sollicite divers embranchements lui permettant d'établir une concurrence à la Compagnie d'Orléans sur tout son parcours.

Le réseau des Charentes, aujourd'hui enclavé de toutes parts par la Compagnie d'Orléans, se relierait au nord avec le Chemin de fer de l'Ouest, à l'est avec le Lyon-Méditerranée, et à Bordeaux avec la ligne du Midi, en établissant ainsi des Chemins parallèles aux voies exploitées par l'Orléans et créant partout une utile concurrence dont le premier résultat serait de faire baisser les tarifs de transport si onéreux pour les populations.

Au point de vue de l'intérêt de notre département nous prions, Monsieur le Ministre, de remarquer de quelle importance serait pour la Compagnie un chemin de fer traversant un pays déjà riche et dont la prospérité ne pourrait que s'accroître dans d'immenses proportions par suite de la facilité des transports.

Les produits de notre région agricole et les engrais qui lui sont nécessaires seraient transportés à bas prix, de leur lieu de production, là où ils peuvent être utilisés et nous ne verrions plus nos cultivateurs obligés à des déplacements onéreux et pénibles pour les livraisons de bestiaux auxquelles donnent lieu nos foires si importantes.

Enfin, si l'on en croit les rapports fournis par plusieurs ingénieurs et notamment par M. Hozlin, notre canton fournirait à la Compagnie des houilles de qualité au moins égale à celles de la Vendée. La prospérité du canton de Coulonges peut faire présager quelle serait la nôtre si nos mines de charbon de terre venaient enfin à être exploitées.

Les villes situées sur le tracé de la ligne de Niort au Mans soutiennent déjà près du Gouvernement les efforts de la Compagnie des Deux-Charentes pour obtenir la concession de cette nouvelle voie ; aujourd'hui les communes rurales du parcours viennent aussi joindre leurs instances à celles du Conseil général des Deux-Sèvres et de la Compagnie.

6

Les habitants de la commune de La Chapelle-Bâton approuvant les vœux déjà émis par le Conseil général des Deux-Sèvres et les Municipalités des localités situées sur le tracé de la ligne de Niort au Mans, viennent solliciter de Votre Excellence la concession dans un bref délai, à la Compagnie des Deux-Charentes, de la ligne de Niort à La Suze, près du Mans, passant par Echiré, Champdeniers, Mazières et Parthenay.

Ils ont l'honneur d'être, avec le plus profond respect, Monsieur le Ministre, de Votre Excellence, les très-humbles et très-obéissants serviteurs.

Le Maire,

Signé : F. JUIN.

Signé : F. LABOUREAU, Pierre LABBAYE, J. MASSÉ, A. MOREAU, François ELIE, Jean ELIE, L. POUPARD, François CAILLETOR, François MESLIN, Joseph SOULET, Jean PELLETIER, Jean BARATON, Jean NASTIN, P. PERDREAUX, FREVREAU, J.-S. SABOUREAU, P. SUBOUREAU, Illisible, MASSÉ, Jean GUILBOT, Illisible, PFOISSONG, Victorien ALLONNEAU, TROUVÉ, PAMEAU, Alexandre GAUTIER, Jacques GAUTIER, François GAUTIER, MÉTAYER, E. MASSÉ, J.-A. MASSÉ, P. BARON, Louis BOINOT, LARGEAU, instituteur.

PARTEMENT
des
DEUX-SÈVRES

ONDISSEMENT
DE NIORT

CANTON
HAMPDENIERS

COMMUNE
de
CHAPELLE-BATON

CHEMIN DE FER DE NIORT A LA SUZE, PRÈS DU MANS, PASSANT PAR NIORT,

PARTHENAY, LOUDUN, SAUMUR ET LA FLÈCHE.

DÉLIBÉRATION DU CONSEIL MUNICIPAL.

Le Conseil municipal de la commune de la Chapelle-Bâton,

Considérant que le canton de Champdeniers est situé en dehors des lignes de fer actuellement concédées ou en exploitation ;

Considérant que ce canton est éminemment agricole et producteur ;

Considérant que plusieurs de ses produits, faute de débouchés suffisants, subissent une dépréciation considérable ;

Considérant que les foires de Champdeniers, les plus importantes du Poitou, sont suivies par les habitants de la Provence, du Languedoc et même de l'Espagne ; que ses bestiaux, et surtout ses mules, sont l'objet d'une exportation considérable ; qu'actuellement la livraison des animaux vendus se fait souvent à une gare fort éloignée du lieu de production et qu'il en résulte des déplacements pénibles et onéreux pour les agriculteurs ;

Considérant qu'il n'existe point de localité entre Parthenay et Niort aussi importante que Champdeniers par sa population, ses foires, son commerce et son industrie, et que la Compagnie des Deux-Charentes méconnaîtrait gravement ses intérêts personnels si elle ne faisait pas tous ses efforts pour desservir ce chef-lieu de canton ;

Èmet le vœu que le Gouvernement, considérant tous les avantages que le département des Deux-Sèvres aurait à recueillir de l'établissement d'un Chemin de fer de Niort à La Suze, près du Mans, concède dans un bref délai, à la Compagnie des Deux-Charentes, la ligne projetée passant par Parthenay, Loudun, Saumur, Baugé et La Flèche, et que la Compagnie des Deux-Charentes établisse une gare à Champdeniers si elle obtient ladite concession.

Fait et délibéré à La Chapelle-Bâton, le dix février mil huit cent soixante dix.

Le Maire,

Signé : JUIN.

Les Conseillers :

Signé : PAMEAUX, VICTORIEN, René ALLONMAY, TROUVÉ, POISSONZ, JETTEREAU, Réné FRÉVREU.

PÉTITION ADRESSÉE A SON EXCELLENCE LE MINISTRE DES TRAVAUX PUBLICS,

PAR LES HABITANTS DE LA COMMUME DE CHAMPEAUX, CANTON DE CHAMPDENIERS

(DEUX-SÈVRES).

CHEMIN DE FER DE NIORT A LA SUZE, PRÈS DU MANS.

MONSIEUR LE MINISTRE,

Le Conseil général des Deux-Sèvres, dans la cession de 1869, a émis le vœu de la création d'un Chemin de fer de Niort au Mans, traversant du sud au nord toute l'étendue de notre département que les lignes en exploitation ou définitivement concédées ne font actuellement qu'effleurer.

Aujourd'hui, la Compagnie des Charentes est en instance auprès du Gouvernement pour obtenir la concession du Chemin de fer sur lequel le Conseil général avait déjà appelé son attention ; en même temps, cette Société sollicite divers embranchements lui permettant d'établir une concurrence à la Compagnie d'Orléans sur tout son parcours.

Le réseau des Charentes, aujourd'hui enclavé de toutes parts par la Compagnie d'Orléans, se relierait au nord avec le chemin de fer de l'Ouest, à l'est avec le Lyon-Méditerranée et à Bordeaux avec la ligne du Midi, en établissant ainsi des Chemins parallèles aux voies exploitées par l'Orléans et créant partout une utile concurrence dont le premier résultat serait de faire cesser les tarifs de transports si onéreux pour les populations.

Au point de vue de l'intérêt de notre département, nous prions Monsieur le Ministre de remarquer de quelle importance serait pour la Compagnie un Chemin de fer traversant un pays déjà riche et dont la prospérité ne pourrait que s'accroître dans d'immenses proportions, par suite de la facilité des transports.

Les produits de notre région agricole et les engrais qui lui sont nécessaires seraient transportés à bas prix, de leur lieu de production, là où ils peuvent être utilisés, et nous ne verrions plus nos cultivateurs obligés à des déplacements onéreux et pénibles pour les livraisons de bestiaux auxquelles donnent lieu nos foires si importantes ; enfin, si l'on en croit les rapports fournis par plusieurs ingénieurs et notamment par M. Hozlin, notre canton fournirait à la Compagnie des houilles de qualité au moins égale à celles de la Vendée.

La prospérité du canton de Coulonges peut faire présager quelle serait la nôtre si nos mines de charbon de terre venaient enfin à être exploitées.

Les villes situées sur le tracé de la ligne de Niort au Mans soutiennent déjà près du

Gouvernement les efforts de la Compagnie des Deux-Charentes pour obtenir la concession de cette voie nouvelle ; aujourd'hui les communes rurales du parcours viennent aussi joindre leurs instances à celles du Conseil général des Deux-Sèvres et de la Compagnie.

Les habitants de la commune de Champeaux :

Approuvant les vœux déjà émis par le Conseil général des Deux-Sèvres et les Municipalités des localités situées sur le tracé de la ligne de Niort au Mans, viennent solliciter de Votre Excellence la concession dans un bref délai, à la Compagnie des Deux Charentes, de la ligne de Niort à La Suze, près du Mans, passant par Echiré, Champdeniers, Mazières et Parthenay.

Ils ont l'honneur d'être, avec le plus profond respect, Monsieur le Ministre, de Votre Excellence les très-humbles et très-obéissants serviteurs.

(Suivent les signatures.)

DÉPARTEMENT
des
I EUX-SÈVRES

ARRONDISSEMENT
DE NIORT

CANTON
DE CHAMPDENIERS

COMMUNE
DE CHAMPEAUX

Chemin de fer de Niort a La Suze, près du Mans, passant par Niort, Parthenay, Loudun, Saumur, Baugé et La Flèche.

Le Conseil municipal de la commune de Champeaux,

Considérant que le canton de Champdeniers est situé en dehors des lignes de fer actuellement concédées ou en exploitation ;

Considérant que ce canton est éminemment agricole et producteur ;

Considérant que plusieurs de ses produits, faute de débouchés suffisants, subissent une dépréciation considérable ;

Considérant que les foires de Champdeniers, les plus importantes du Poitou, sont suivies par les habitants de la Provence, du Languedoc et même de l'Espagne ; que ses bestiaux, et surtout ses mules, sont l'objet d'une exportation considérable ; qu'actuellement la livraison des animaux vendus se fait souvent à une gare fort éloignée du lieu de production et qu'il en résulte des déplacements pénibles et onéreux pour les agriculteurs ;

Considérant qu'il n'existe point de localité entre Parthenay et Niort aussi importante que Champdeniers par sa population, ses foires, son commerce et son industrie, et que la Compagnie des Deux-Charentes méconnaîtrait gravement ses intérêts personnels si elle ne faisait tous ses efforts pour desservir ce chef-lieu de canton ;

Émet le vœu que le Gouvernement, considérant tous les avantages que le département des Deux-Sèvres aurait à recueillir de l'établissement d'un chemin de fer de Niort à La Suze, près du Mans, concède dans un bref délai, à la Compagnie des Deux-Charentes, la ligne projetée passant par Parthenay, Loudun, Saumur, Baugé et La Flèche, et que la Compagnie des Deux-Charentes établisse une gare à Champdeniers si elle obtient ladite concession.

Le Maire,

Signé : PELTIER.

Les Conseillers municipaux,

Signé : Morisset, adjoint ; J. Morisset, Pierre Morisset, Pierre Charon, Pierre Bourdin, Joseph Pié.

EMENT
ES
SÈVRES
—
TON
IORT
—
MUNE
HIRÉ
—

DEMANDE

D'UN CHEMIN DE FER DE NIORT A LA SUZE.

A Son Excellence Monsieur le Ministre des Travaux publics.

MONSIEUR LE MINISTRE,

Depuis longtemps le pays d'Échiré, tout particulièrement, demande un Chemin de fer. L'agriculture y est déjà prospère, mais elle comprend plus que jamais combien l'industrie pourrait développer ses ressources. L'éloignement des gares, les difficultés des transports, ont empêché jusqu'ici la création de toute industrie agricole, distillerie, sucrerie ou autres. Cependant, malgré ces difficultés, une association vient de se fonder à Échiré même, pour l'exploitation d'une distillerie de betteraves. Cette commune possède, en outre, plusieurs carrières d'une grande importance, qui fournissent des pierres, depuis très-longtemps, à toute la partie nord du département comprise entre Parthenay, Mazières, Secondigny et Échiré.

Par ces motifs les habitants de la commune d'Échiré, soussignés, comprenant tous les avantages que l'agriculture, le commerce et l'industrie retireraient de l'établissement d'une voie ferrée, prient instamment le Gouvernement de vouloir bien concéder dans un bref délai, le chemin de fer de Niort à La Suze, passant par Échiré. Ils émettent aussi le vœu que cette concession soit accordée à la Compagnie des Deux-Charentes.

Veuillez agréer, Monsieur le Ministre, l'assurance du plus profond respect de vos très-humbles et tout dévoués serviteurs.

Le Maire,

Signé : ALEXIS BRAUGIER.

(*Suivent les signatures.*)

Conseil municipal d'Échiré.

CHEMIN DE FER DE NIORT A LA SUZE, PRÈS DU MANS.

Messieurs,

Depuis longtemps notre riche contrée demande un Chemin de fer; aujourd'hui, par suite de la transformation de l'agriculture qui, pour prospérer, est forcément obligée de s'adjoindre l'industrie, le pays tout entier demande une voie ferrée.

Une Compagnie qui déjà a fait preuve de beaucoup d'intelligence désire construire une ligne de Chemin de fer de Niort à La Suze, près Le Mans. Cette ligne serait la prolongation de celles des Deux-Charentes, par Saint-Jean-d'Angély, et en même temps, la continuation de la ligne de Niort à Ruffec, Limoges, Clermont.

Le Chemin de fer de Niort à Ruffec n'est pas encore concédé, c'est pourquoi je vous prie, Messieurs, d'émettre le vœu qu'il le soit à la Compagnie des Deux-Charentes, dont les tarifs sont plus modérés que ceux de la Compagnie d'Orléans, et qui viendra faire à celle-ci une concurrence très-avantageuse pour le pays.

Vous n'avez pas oublié, Messieurs, que, il y a deux mois, un grand industriel de Paris est venu à Échiré pour y établir une sucrerie qui aurait été pour la contrée, déjà si prospère, une véritable fortune. Vous vous rappelez que cet intelligent industriel vous disait que le plus grand obstacle à l'installation de l'usine venait de la Compagnie d'Orléans qui, par des tarifs excessifs, l'obligerait chaque année à dépenser des sommes énormes de plus que toute autre Compagnie. Et aujourd'hui, Messieurs, que le pays s'est substitué à cet industriel en montant lui-même une usine, vous comprenez qu'il demande énergiquement un Chemin de fer. Depuis des siècles, Échiré fournit des pierres, pour la construction, à toute la Gâtine. Dix carrières y sont exploitées et produisent tous les ans des quantités considérables de pierres de taille. Que serait-ce donc si les transports étaient plus faciles ?

Par ces motifs je vous prie, Messieurs, d'émettre également le vœu que ladite ligne de Niort à La Suze passe par Échiré, qui déjà par ses droits acquis est sans contredit la principale localité entre Niort et Champdeniers qui puisse garantir des bénéfices à la Compagnie, qui transportera les produits de ses carrières et de ses usines.

Le Maire,

Signé : Illisible.

Après en avoir délibéré, le Conseil municipal, à l'unanimité, émet le vœu que le Gouvernement concède, dans un bref délai une ligne de Chemin de fer de Niort à La Suze, près Le Mans, passant par Échiré, et que ladite concession soit faite à la Compagnie des Deux-Charentes qui est le mieux en mesure, par la position de son réseau, de rendre les services que le pays attend de cette voie ferrée.

Perret, Jubier, Passebony, Sergent, Sagot, Pied Brouard, L. Ricochon.

Le Maire,

Illisible.

PÉTITION ADRESSÉE A SON EXCELLENCE M. LE MINISTRE DES TRAVAUX PUBLICS,

PAR LES HABITANTS DE LA COMMUNE DE PAMPLIE.

CHEMIN DE FER DE NIORT A LA SUZE, PRÈS DU MANS.

MONSIEUR LE MINISTRE,

Le Conseil général des Deux-Sèvres, dans sa session de 1869, a émis le vœu de la création d'un Chemin de fer de Niort au Mans, traversant du sud au nord toute l'étendue de notre département que les lignes en exploitation ou définitivement concédées ne font actuellement qu'effleurer.

Aujourd'hui, la Compagnie des Deux-Charentes est en instance auprès du Gouvernement pour obtenir la concession du chemin de fer sur lequel le Conseil général avait déjà appelé son attention; en même temps cette Société sollicite divers embranchements lui permettant d'établir une concurrence à la Compagnie d'Orléans sur tout son parcours.

Le réseau des Charentes, aujourd'hui enclavé de toutes parts par la Compagnie d'Orléans, se relierait au nord avec le chemin de fer de l'Ouest, à l'est avec le Lyon-Méditerranée et à Bordeaux avec la ligne du Midi, en établissant ainsi des Chemins parallèles aux voies exploitées par l'Orléans et créant partout une utile concurence dont le premier résultat serait de faire baisser les tarifs de transports si onéreux pour les populations.

Au point de vue de l'intérêt de notre département, nous prions Monsieur le Ministre de remarquer de quelle importance serait pour la Compagnie un chemin de fer traversant un pays déjà riche et dont la prospérité ne pourrait que s'accroître dans d'immenses proportions par suite de la facilité des transports.

Les produits de notre région agricole et les engrais qui lui sont nécessaires seraient transportés à bas prix, de leur lieu de production, là où ils peuvent être utilisés, et nous ne verrions plus nos cultivateurs obligés à des déplacements onéreux et pénibles pour les livraisons de bestiaux auxquelles donnent lieu nos foires si importantes.

Enfin, si l'on en croit les rapports fournis par plusieurs ingénieurs et notamment par M. Hozlin, notre canton fournirait à la Compagnie des houilles de qualité au moins égale à celles de la Vendée.

La prospérité du canton de Coulonges peut faire présager quelle serait la nôtre si nos mines de charbons de terre venaient enfin à être exploitées.

Les villes situées sur le tracé de la ligne de Niort au Mans soutiennent les efforts de la Compagnie des Deux-Charentes pour obtenir la concession de cette voie nouvelle; aujourd'hui les communes rurales du parcours viennent aussi joindre leurs instances à celles du Conseil général des Deux-Sèvres et de la Compagnie.

Les habitants de la commune de Pamplie, approuvant les vœux déjà émis par le Conseil général des Deux-Sèvres et les Municipalités des localités situées sur le tracé de la ligne de Niort au Mans, viennent solliciter de Votre Excellence la concession dans un bref délai, à la Compagnie des Deux-Charentes, de la ligne de Niort à La Suze, près du Mans, passant par Echiré, Champdeniers, Mazières et Parthenay.

Ils ont l'honneur d'être, avec le plus profond respect, Monsieur le Ministre, de Votre Excellence, les très-humbles et très-obéissants serviteurs.

Le Maire,

DE MOUILLEBERT,

(Suivent les signatures.)

RTEMENT
des
¤X-SÈVRES

¤DISSEMENT
NIORT

ANTON
¤MPDENIERS

MMUNE
¤PAMPLIE

CHEMIN DE FER DE NIORT A LA SUZE, PRÈS DU MANS, PASSANT PAR NIORT, PARTHENAY, LOUDUN, SAUMUR, BAUGÉ ET LA FLÈCHE.

Le Conseil municipal de la commmune de Pamplie,

Considérant que le canton de Champdeniers est situé en dehors des lignes de fer actuellement concédées ou en exploitation;

Considérant que ce canton est éminemment agricole et producteur;

Considérant que plusieurs de ses produits, faute de débouchés suffisants, subissent une dépréciation considérable;

Considérant que les foires de Champdeniers, les plus importantes du Poitou, sont suivies par les habitants de la Provence, du Languedoc et même de l'Espagne; que ses bestiaux, et surtout ses mules, sont l'objet d'une exploitation considérable; qu'actuellement la livraison des animaux vendus se fait souvent à une gare fort éloignée du lieu de production et qu'il en résulte des déplacements pénibles et onéreux pour les agriculteurs;

Considérant qu'il n'existe point de localité entre Parthenay et Niort aussi importante que Champdeniers par sa population, ses foires, son commerce et son industrie, et que la Compagnie des Deux-Charentes méconnaîtrait gravement ses intérêts personnels si elle ne faisait tous ses efforts pour desservir ce chef-lieu de canton;

Émet le vœu que le Gouvernement, considérant tous les avantages que le département des Deux-Sèvres aurait à recueillir de l'établissement d'un chemin de fer de Niort à La Suze, près du Mans, concède dans un bref délai, à la Compagnie des Deux-Charentes, la ligne projetée passant par Parthenay, Laudun, Saumur, Baugé et La Flèche, et que la Compagnie des Deux-Charentes établisse une gare à Champdeniers, si elle obtient ladite concession.

Le Maire,

ZAUMOINE.

Les Conseillers municipaux,

L. PIED Pierre-Louis, PIOT, J. JOLLIT, J. CHUPIN, J. SOUCHARD.

DÉPARTEMENT

des

DEUX-SÈVRES

——

ARRONDISSEMENT

DE NIORT

——

CANTON

DE CHAMPDENIERS

——

COMMUNE

DE ROUVRE

——

CHEMIN DE FER DE NIORT A LA SUZE, PRÈS DU MANS, PASSANT PAR NIORT, PARTHENAY, LOUDUN, SAUMUR, BAUGÉ, LA FLÈCHE.

Le Conseil municipal de la commune de Rouvre,

Considérant que le canton de Champdeniers est situé en dehors des lignes de fer actuellement concédées ou en exploitation;

Considérant que ce canton est éminemment agricole et producteur;

Considérant que plusieurs de ses produits, faute de débouchés suffisants, subissent une dépréciation considérable;

Considérant que les foires de Champdeniers, les plus importantes du Poitou, sont suivies par les habitants de la Provence, du Languedoc et même de l'Espagne; que ses bestiaux, et surtout ses mules, sont l'objet d'une exportation considérable; qu'actuellement la livraison des animaux vendus se fait souvent à une gare fort éloignée du lieu de production et qu'il en résulte des déplacements pénibles et onéreux pour les agriculteurs;

Considérant qu'il n'existe point de localité entre Parthenay et Niort aussi importante que Champdeniers par sa population, ses foires, son commerce et son industrie, et que la Compagnie des Deux-Charentes méconnaîtrait gravement ses intérêts personnels si elle ne faisait tous ses efforts pour desservir ce chef-lieu de canton;

Émet le vœu que le Gouvernement, considérant tous les avantages que le département des Deux-Sèvres aurait à recueillir l'établissement d'un chemin de fer de Niort à La Suze, près du Mans, concède dans un bref délai à la Compagnie des Deux-Charentes la ligne projetée passant par Parthenay, Loudun, Saumur, Baugé et La Flèche, et que la Compagnie des Deux-Charentes établisse une gare à Champdeniers si elle obtient ladite concession.

Le Maire,

SICOT.

Les Conseillers municipaux,

Louis BARBAUD, VERGNAULT, Jean SIONNEAU, Pierre TROUVÉ.

ARTEMENT
des
EUX-SÈVRES

ONDISSEMENT
E NIORT

CANTON
HAMPDENIERS

COMMUNE
de
TE-OUENNE

CHEMIN DE FER DE NIORT A LA SUZE, PRÈS DU MANS, PASSANT PAR NIORT, PARTHENAY, LOUDUN, BAUGÉ ET LA FLÈCHE.

Le Conseil municipal de la commune de Sainte-Ouenne,

Considérant que le canton de Champdeniers est situé en dehors des lignes de fer actuellement concédées ou en exploitation ;

Considérant que ce canton est éminemment agricole et producteur ;

Considérant que plusieurs de ses produits, faute de débouchés suffisants, subissent une dépréciation considérable ;

Considérant que les foires de Champdeniers, les plus importantes du Poitou, sont suivies par les habitants de la Provence, du Languedoc et même de l'Espagne, que ses bestiaux, et surtout ses mules, sont l'objet d'une exportation considérable ; qu'actuellement la livraison des animaux vendus se fait souvent à une gare fort éloignée du lieu de production et qu'il en résulte des déplacements pénibles et onéreux pour les agriculteurs ;

Considérant qu'il n'existe point de localité entre Parthenay et Niort aussi importante que Champdeniers par sa population, ses foires, son commerce et son industrie, et que la Compagnie des Deux-Charentes méconnaîtrait gravement ses intérêts personnels si elle ne faisait tous ses efforts pour desservir ce chef-lieu de canton ;

Émet le vœu que le Gouvernement, considérant tous les avantages que le département des Deux-Sèvres aurait à recueillir de l'établissement d'un chemin de fer de Niort à la Suze, près du Mans, concède dans un bref délai à la Compagnie des Deux-Charentes, la ligne projetée passant par Parthenay, Loudun, Saumur, Baugé et La Flèche et que la Compagnie des Deux-Charentes établisse une gare à Champdeniers si elle obtient ladite concession.

Le Maire,

A. MILLEAU.

Les Conseillers Municipaux,

LARGEAU Ambroise, SAUGUET Louis, P. SICOT, PILLOT J., F. GIRAULT, POUVREAU Louis, Louis BAILLET.

DÉPARTEMENT
des
DEUX-SÈVRES

COMMUNE
DE SAINT-DENIS

PÉTITION ADRESSÉE A SON EXCELLENCE LE MINISTRE DES TRAVAUX PUBLICS,

PAR LES HABITANTS DE LA COMMUNE DE SAINT-DENIS.

CHEMIN DE FER DE NIORT A LA SUZE, PRÈS DU MANS.

MONSIEUR LE MINISTRE,

Le Conseil général des Deux-Sèvres, dans sa session de 1869, a émis le vœu de la création d'un Chemin de fer de Niort au Mans, traversant du sud au nord toute l'étendue du département, que les lignes actuellement créées ne font qu'effleurer.

Aujourd'hui la Compagnie des Deux-Charentes est en instance auprès du Gouvernement pour obtenir la concession du Chemin de fer sur lequel le Conseil général avait déjà appelé son attention; en même temps, cette Société sollicite divers embranchements lui permettant d'établir une concurrence à la Compagnie d'Orléans sur tout son parcours.

Le réseau des Charentes, aujourd'hui enclavé de toutes parts par la Compagnie d'Orléans, se relierait au nord avec le Chemin de fer de l'Ouest, à l'est avec le Lyon-Méditerranée et à Bordeaux avec la ligne du Midi, en établissant ainsi des Chemins parallèles aux voies exploitées par l'Orléans et créant partout une utile concurrence dont le premier résultat serait de faire baisser les tarifs de transports si onéreux pour les populations.

Au point de vue de l'intérêt de notre département, nous prions Monsieur le Ministre de remarquer de quelle importance serait pour la Compagnie un Chemin de fer traversant un pays déjà riche et dont la prospérité ne pourrait que s'accroître dans d'immenses proportions par suite de la facilité des transports.

Les produits de notre région agricole et les engrais qui lui sont nécessaires seraient transportés à bas prix, de leur lieu de production, là où ils peuvent être utilisés, et nous ne verrions plus nos cultivateurs obligés à des déplacements onéreux et pénibles pour les livraisons de bestiaux auxquelles donnent lieu nos foires si importantes.

Enfin, si l'on en croit les rapports fournis par plusieurs ingénieurs, et notamment par M. Hozlin, notre canton fournirait à la Compagnie des houilles de qualité au moins égale à celles de la Vendée. La prospérité du canton de Coulonges peut faire présager quelle serait la nôtre si nos mines de charbon de terre venaient à être exploitées.

Les villes situées sur le tracé de Niort au Mans soutiennent déjà près du Gouvernement les efforts de la Compagnie des Deux-Charentes pour obtenir la concession de cette voie nouvelle; aujourd'hui les communes rurales du parcours viennent aussi joindre leurs instances à celles du Conseil général des Deux-Sèvres et de la Compagnie.

Les habitants de la commune de Saint-Denis, approuvant les vœux déjà émis par le Conseil général des Deux-Sèvres et les Municipalités des localités situées sur le tracé de la ligne de Niort au Mans, viennent solliciter de Votre Excellence la concession dans un bref délai, à la Compagnie des Deux-Charentes, de la ligne de Niort à La Suze, près du Mans, passant par Échiré, Champdeniers, Mazières et Parthenay.

Ils ont l'honneur d'être, avec le plus profond respect, Monsieur le Ministre, de votre Excellence, les très-humbles et très- obéissants serviteurs.

(Suivent les signatures.)

DÉPARTEMENT
des
DEUX-SÈVRES

ARRONDISSEMENT
DE NIORT

CANTON
DE CHAMPDENIERS

COMMUNE
DE SAINT-DENIS

CHEMIN DE FER DE NIORT A LA SUZE, PRÈS DU MANS, PASSANT PAR NIORT, PARTHENAY, LOUDUN, SAUMUR, BAUGÉ, LA FLÈCHE.

Le Conseil municipal de la commune de Saint-Denis,

Considérant que le canton de Champdeniers est situé en dehors des lignes de fer actuellement concédées ou en exploitation ;

Considérant que ce canton est éminemment agricole et producteur ;

Considérant que plusieurs de ses produits, faute de débouchés suffisants, subissent une dépréciation considérable ;

Considérant que les foires de Champdeniers, les plus importantes du Poitou, sont suivies par les habitants de la Provence, du Languedoc et même de l'Espagne ; que ses bestiaux, et surtout ses mules, sont d'une exportation considérable ; qu'actuellement la livraison des animaux vendus se fait souvent à une gare fort éloignée du lieu de production et qu'il en résulte des déplacements pénibles et onéreux pour les agriculteurs ;

Considérant qu'il n'existe point de localité entre Parthenay et Niort aussi importante que Champdeniers par sa population, ses foires, son commerce et son industrie, et que la Compagnie des Deux-Charentes méconnaîtrait gravement ses intérêts personnels si elle ne faisait tous ses efforts pour desservir ce chef-lieu de canton ;

Émet le vœu que le Gouvernement, considérant tous les avantages que le département des Deux-Sèvres aurait à recueillir de l'établissement d'un Chemin de fer de Niort à La Suze, près du Mans, concède dans un bref délai à la Compagnie des Deux-Charentes, la ligne projetée passant par Parthenay, Loudun, Saumur, Baugé, La Flèche et que la Compagnie des Deux-Charentes établisse une gare à Champdeniers si elle obtient ladite concession.

Le Maire,

Signé : BIDAULT.

(Suivent les signatures des Conseillers municipaux.)

RTEMENT

des

X-SÈVRES

AIRIE

NT-GELAIS

CHEMIN DE FER DE NIORT A LA SUZE, PRÈS DU MANS.

Nous, soussignés, habitants de la commune de Saint-Gelais,

Reconnaissant que l'établissement d'un Chemin de fer de Niort à La Suze, près du Mans, serait d'une grande utilité pour notre commune qui pourrait par là écouler les produits de ses nombreuses carrières de pierres à bâtir, ainsi que les farines, produit des moulins situés sur le cours de la Sèvre, en un mot, tous les produits de l'agriculture;

Reconnaissant également qu'en compensation la contrée recevrait du Bocage le bois qui devient de plus en plus rare dans notre commune;

En conséquence, nous nous empressons de faire connaître notre vœu à qui de droit, et nous demandons également que la ligne soit concédée à la Compagnie des Charentes, dont les tarifs de transport offrent de grands avantages sur ceux des autres Compagnies.

Le Maire,

PAPOT.

(Suivent les signatures.)

DÉPARTEMENT
des
DEUX-SÈVRES

MAIRIE
DE CHAURAY

Du procès-verbal de la séance du Conseil municipal de Chauray, en date du 25 février 1870, il a été convenu ce qui suit :

Le Maire donne connaissance à l'Assemblée d'un projet formulé par la Compagnie des Charentes, à l'effet de créer une ligne ferrée de Niort à La Suze, par Parthenay et Saumur. Les pays à traverser sont riches, et devront, selon toute probabilité, lui donner des revenus suffisamment rémunérateurs. A cet effet, le Conseil tout entier approuve la proposition de la Compagnie des Charentes, et fait des vœux pour que les travaux préparatoires soient menés avec rapidité, et que l'État lui concède dans un bref délai.

L'original est signé : P. Pellevoisin, A. Fromt, D. Bouillat, P. Gauthier, F. Bouin, Louis Marchey, F. Irrez, adjoint, et Paul Frappier, maire.

Pour extrait conforme :

Le Maire,

Paul FRAPPIER.

RTEMENT
des
X-SÈVRES

DISSEMENT
NIORT

MMUNE
NT-MAXIRE

mande
de
d'un chemin
de fer
et au Mans.

EXTRAIT

DU REGISTRE DES DÉLIBÉRATIONS DE LA COMMUNE DE SAINT-MAXIRE.

Séance du 20 février.

L'an mil huit cent soixante-dix, le vingt du mois de février, à l'heure de midi ;

Le Conseil municipal de Saint-Maxire, réuni au lieu ordinaire de ses séances en vertu d'une lettre de M. le Préfet, en date du 20 courant, sous la présidence de M. le Maire;

Présents : MM. Rousseau François, maire; Cathelineau François, adjoint; Guineaudeau Jean, Renault François, Desmier Pierre, Rafougeau Pierre.

M. le Président ayant donné connaissance à l'Assemblée que, dans sa session de 1869, le Conseil général des Deux-Sèvres a émis le vœu de la création d'un Chemin de fer de Niort au Mans, qui serait le prolongement de celui déjà concédé à la Compagnie des Deux-Charentes, de Saint-Jean d'Angély à Niort,

Le Conseil municipal de Saint-Maxire considérant qu'il y aurait un immense avantage pour le pays si une concurrence sérieuse pouvait être faite à la Compagnie d'Orléans, en établissant un Chemin de fer de Niort au Mans, passant par Parthenay, Saumur, etc., et dont la concession serait accordée à la Compagnie des Deux-Charentes,

Le Conseil délibère, à l'unanimité, à ce que le Gouvernement, appréciant toute l'importance de ce projet, concède dans le plus bref délai, à la Compagnie des Deux-Charentes, la voie ferrée de Niort à La Suze (près du Mans).

Délibéré en Mairie les jour, mois et an ci-dessus.

Ont signé au registre : MM. Desmier, J. Guineaudeau, P, Rafougau, F. Renault, Cathelineau et le maire Rousseau.

Pour copie conforme certifiée par nous, maire de la commune de Saint-Maxire, soussigné.

A la Mairie de Saint-Maxire, le 20 février 1870.

Le Maire,

ROUSSEAU.

DÉPARTEMENT
des
DEUX-SÈVRES

COMMUNE
DE SAINT-RÉMY

EXTRAIT

DES DÉLIBÉRATIONS DU CONSEIL MUNICIPAL DE SAINT-RÉMY.

Séance du 10 février 1870.

L'an mil huit cent soixante dix, le dix février, le Conseil municipal de la commune de Saint-Rémy s'est réuni, sous la présidence de M. le Maire, pour sa session ordinaire du mois de février.

Présents : MM. Sabourin Jean, maire ; Bonnet Jacques, Richard Louis, Barreaud Pierre, Sauvaget Louis, Ronnaud Pierre, Piot Louis, Moreau Pierre.

M. le Maire expose au Conseil municipal que la Compagnie des Deux-Charentes demande la concession d'un Chemin de fer de Niort à Suze (près du Mans), et invite le Conseil à délibérer sur ce projet, qui intéresse vivement le département des Deux-Sèvres.

Après en avoir délibéré, le Conseil émet le vœu que le Gouvernement, appréciant toute l'importance de ce projet, concède dans un bref délai, à la Compagnie des Deux-Charentes, la voie ferrée de Niort à Suze (près du Mans), passant par Parthenay, Loudun, Saumur, Baugé et La Flèche.

Fait et délibéré en Mairie, les jours, mois et an susdits.

Ont signé : Barreaud, Bonnet, Piot, P. Rouvreau, Sauvaget, Moreau, Richard, Sabourin.

POUR COPIE CONFORME :

Le Maire de Saint-Rémy,

Signé : SABOURIN.

PÉTITION ADRESSÉE A SON EXCELLENCE MONSIEUR LE MINISTRE DES TRAVAUX

PUBLICS, PAR LES HABITANTS DE LA COMMUNE DE GERMOND.

CHEMIN DE FER DE NIORT A LA SUZE, PRÈS DU MANS.

MONSIEUR LE MINISTRE,

Le Conseil général des Deux-Sèvres, dans sa session de 1869, a émis le vœu de la création d'un Chemin de fer de Niort au Mans, traversant du sud au nord toute l'étendue de notre département que les lignes en exploitation ou définitivement concédées ne font actuellement qu'effleurer.

Aujourd'hui, la Compagnie des Deux-Charentes est en instance auprès du Gouvernement pour obtenir la concession du Chemin de fer sur lequel le Conseil général avait déjà appelé son attention ; en même temps cette Société sollicite divers embranchements lui permettant d'établir une concurrence à la Compagnie d'Orléans sur tout son parcours.

Le réseau des Charentes, aujourd'hui enclavé de toutes parts par la Compagnie d'Orléans, se relierait au nord avec le Chemin de fer de l'Ouest, à l'est avec le Lyon-Méditerranée et à Bordeaux avec la ligne du Midi, et établissant ainsi des Chemins parallèles aux voies exploitées par l'Orléans et créant partout une utile concurrence dont le premier résultat serait de faire baisser les tarifs de transports si onéreux pour les populations.

Au point de vue de l'intérêt de notre département, nous prions Monsieur le Ministre de remarquer de quelle importance serait pour la Compagnie un Chemin de fer traversant un pays déjà riche et dont la prospérité ne pourrait que s'accroître dans d'immenses proportions par suite de la facilité des transports.

Les produits de notre région agricole et les engrais qui lui sont nécessaires seraient transportés à bas prix, de leur lieu de production, là où ils peuvent être utilisés et nous ne verrions plus nos cultivateurs obligés à des déplacements onéreux et pénibles pour les livraisons de bestiaux auxquelles donnent lieu nos foires si importantes.

Enfin, si l'on en croit les rapports fournis par plusieurs ingénieurs, et notamment par M. Hozlin, notre canton fournirait à la Compagnie des houilles de qualité au moins égale à celles de la Vendée. La prospérité du canton de Coulonges peut faire présager quelle serait la nôtre si nos mines de charbon de terre venaient enfin à être exploitées.

Les villes situées sur le tracé de la ligne de Niort au Mans soutiennent déjà près du Gouvernement les efforts de la Compagnie des Deux-Charentes pour obtenir la concession de cette voie nouvelle ; aujourd'hui les communes rurales du parcours viennent aussi joindre leurs instances à celles du Conseil général des Deux-Sèvres et de la Compagnie.

Les habitants de la commune de Germond, approuvant les vœux déjà émis par le Conseil général des Deux-Sèvres et les Municipalités des localités situées sur le tracé de la ligne de Niort au Mans, viennent solliciter de Votre Excellence la concession dans un bref délai, à la Compagnie des Deux-Charentes, de la ligne de Niort à la Suze, près du Mans, passant par Echiré, Champdeniers, Mazières et Parthenay,

Ils ont l'honneur d'être avec le plus profond respect, Monsieur le Ministre, de Votre Excellence, les très-humbles et très-obéissants serviteurs.

(Suivent les signatures.)

Germond, le 20 février 1870.

PARTEMENT

des

EUX-SÈVRES

—•—

NDISSEMENT

E NIORT

—•—

CANTON

HAMPDENIERS

—•—

COMMUNE

GERMOND

- •• -

CHEMIN DE FER DE NIORT A LA SUZE, PRÈS DU MANS, PASSANT PAR NIORT,

PARTHENAY, LOUDUN, SAUMUR ET LA FLÈCHE.

————

Le Conseil municipal de la commune de Germond, le 15 février 1870,

Considérant que le canton de Champdeniers est situé en dehors des lignes de fer actuellement concédées ou en exploitation ;

Considérant que ce canton est éminemment agricole et producteur ;

Considérant que plusieurs de ses produits, faute de débouchés suffisants, subissent une dépréciation considérable ;

Considérant que les foires de Champdeniers, les plus importantes du Poitou, sont suivies par les habitants de la Provence, du Languedoc et même de l'Espagne ; que ses bestiaux, et surtout ses mules, sont l'objet d'une exploitation considérable ; qu'actuellement la livraison des animaux vendus se fait souvent à une gare fort éloignée du lieu de production, et qu'il en résulte des déplacements pénibles et onéreux pour les agriculteurs ;

Considérant qu'il n'existe point de localité, entre Parthenay et Niort, aussi importante que Champdeniers par sa population, ses foires, son commerce et son industrie, et que la Compagnie des Deux-Charentes méconnaîtrait gravement ses intérêts personnels si elle ne faisait tous ses efforts pour desservir ce chef-lieu de canton ;

Émet le vœu que le Gouvernement, considérant tous les avantages que le département des Deux-Sèvres aurait à recueillir de l'établissement d'un Chemin de fer Niort à La Suze près du Mans, concède dans un bref délai, à la Compagnie des Deux-Charentes, la ligne projetée passant par Parthenay, Loudun, Saumur, Baugé et La Flèche, et que la Compagnie des Deux-Charentes établisse une gare à Champdeniers si elle obtient ladite concession.

Le Maire,

Signé : LOUIS ALBERT.

(*Suivent les signatures des Conseillers municipaux.*)

DÉPARTEMENT
des
DEUX-SÈVRES

COMMUNE
DE SCIECQ

OBJET :
CHEMIN DE FER
de
NIORT AU MANS

EXTRAIT

DU REGISTRE DES DÉLIBÉRATIONS DE LA COMMUNE DE SCIECQ.

L'an mil huit cent soixante-dix et le vingt du mois de février, le Conseil municipal de la commune de Sciecq s'est réuni au lieu ordinaire de ses séances, sous la présidence de M. le Maire.

Étaient présents : MM. Baillet, Millet, Berton, Mallet, Richard, Godeau, Mitard L. et Mitard J.

Étaient absents : MM. Bonnet et Moinard.

M. le Président fait connaître à l'Assemblée qu'elle est appelée à délibérer sur un projet de construction de Chemin de fer, allant de Niort au Mans, dont le vœu a été émis par le Conseil général des Deux-Sèvres, dans sa session de 1869, et qui serait le prolongement de celui déjà concédé à la Compagnie des Deux-Charentes, de Saint-Jean-d'Angély à Niort.

Le Conseil municipal, après avoir mûrement délibéré, considérant que la ligne projetée donnera un nouveau débouché aux différents produits du pays, et par conséquent augmentera le commerce;

Considérant, en outre, que la concurrence qui existera alors entre la Compagnie des Deux-Charentes et la Compagnie d'Orléans sera le moyen le plus sûr de faire baisser les prix de transport, émet le vœu que le Gouvernement, appréciant toute l'importance de ce projet, concède dans un bref délai à la Compagnie des Deux-Charentes, la voie ferrée de Niort à La Suze (près du Mans), passant par Parthenay, Loudun, Saumur, Baugé et La Flèche.

Fait et délibéré à Sciecq, les jour, mois et an susdits.

Le registre est signé : BAILLET, MILLET, BERTON, MABLET, RICHARD, GODEAU, MITARD L., ET MITARD J.

Sciecq, le 21 février 1870.

POUR COPIE CONFORME :

Le Maire,

PIERRE BAILLET.

ARTEMENT
des
UX-SÈVRES

NDISSEMENT
: NIORT

ANTON
AMPDENIERS

OMMUNE
SURIN

CHEMIN DE FER DE NIORT A LA SUZE, PRÈS DU MANS, PASSANT PAR NIORT, PARTHENAY, LOUDUN, SAUMUR, BAUGÉ ET LA FLÈCHE.

Le Conseil municipal de la commune de Surin,

Considérant que le canton de Champdeniers est situé en dehors des lignes de fer actuellement concédées ou en exploitation ;

Considérant que ce canton est éminemment agricole et producteur ;

Considérant que plusieurs de ses produits, faute de débouchés suffisants, subissent une dépréciation considérable ;

Considérant que les foires de Champdeniers, les plus importantes du Poitou, sont suivies par les habitants de la Provence, du Languedoc et même de l'Espagne ; que ses bestiaux, et surtout ses mules, sont l'objet d'une exportation considérable ; qu'actuellement la livraison des animaux vendus se fait souvent à une gare fort éloignée du lieu de production et qu'il en résulte des déplacements pénibles et onéreux pour les agriculteurs ;

Considérant qu'il n'existe point de localité, entre Parthenay et Niort, aussi importante que Champdeniers par sa population, ses foires, son commerce et son industrie, et que la Compagnie des Deux-Charentes méconnaîtrait gravement ses intérêts personnels si elle ne faisait tous ses efforts pour desservir ce chef-lieu de canton ;

Émet le vœu que le gouvernement, considérant tous les avantages que le département des Deux-Sèvres aurait à recueillir de l'établissement d'un Chemin de fer de Niort à La Suze, près du Mans, concède dans un bref délai à la Compagnie des Deux-Charentes, la ligne projetée passant par Parthenay, Loudun, Saumur, Baugé et La Flèche, et que la Compagnie des Deux-Charentes établisse une gare à Champdeniers si elle obtient ladite concession.

Le Maire,

Illisible.

Les Conseillers municipaux ont aussi apposé leur signature.

DÉPARTEMENT
des
DEUX-SÈVRES

COMMUNE
DE SURIN

PÉTITION ADRESSÉE A SON EXCELLENCE LE MINISTRE DES TRAVAUX PUBLICS,

.PAR LES HABITANTS DE LA COMMUNE DE SURIN.

CHEMIN DE FER DE NIORT A LA SUZE, PRÈS DU MANS.

MONSIEUR LE MINISTRE,

Le Conseil général des Deux-Sèvres, dans sa session de 1869, a émis le vœu de la création d'un Chemin de fer de Niort au Mans, traversant du sud au nord toute l'étendue de notre département que les lignes en exploitation ou définitivement concédées ne font actuellement qu'effleurer.

Aujourd'hui la Compagnie des Deux-Charentes est en instance auprès du Gouvernement pour obtenir la concession du Chemin de fer sur lequel le Conseil général avait déjà appelé son attention : en même temps cette Société sollicite divers embranchements lui permettant d'établir une concurrence à la Compagnie d'Orléans sur tout son parcours.

Le réseau des Charentes, aujourd'hui enclavé de toutes parts par la Compagnie d'Orléans, se relierait au nord avec le Chemin de fer de l'Ouest, à l'est avec Lyon, la Méditerranée, et à Bordeaux avec la ligne du Midi, établissant ainsi des Chemins parallèles aux voies exploitées par l'Orléans et créant partout une utile concurrence dont le premier résultat serait de faire baisser les tarifs de transports si onéreux pour les populations.

Au point de vue de l'intérêt de notre département, nous prions Monsieur le Ministre de remarquer de quelle importance serait pour la Compagnie un Chemin de fer traversant un pays déjà riche et dont la prospérité ne pourrait que s'accroître dans d'immenses proportions par suite de la facilité des transports.

Les produits de notre région agricole et les engrais qui lui sont nécessaires seraient transportés à bas prix, de leur lieu de production, là où ils peuvent être utilisés et nous ne verrions plus nos cultivateurs obligés à des déplacements onéreux et pénibles pour les livraisons auxquelles donnent lieu nos foires si importantes.

Enfin, si l'on en croit les rapports fournis par plusieurs ingénieurs, et notamment par M. Hozlin, notre canton fournirait à la Compagnie des houilles de qualité au moins égale à celles de la Vendée.

La prospérité du canton de Coulonges peut faire présager quelle serait la nôtre si nos mines de charbons de terre venaient enfin à être exploitées.

Les villes situées sur le tracé de la ligne de Niort au Mans soutiennent déjà près du Gouvernement les efforts de la Compagnie des Deux-Charentes pour obtenir la concession de cette voie nouvelle ; aujourd'hui les communes rurales du parcours viennent aussi joindre leurs instances à celles du Conseil général des Deux-Sèvres et de la Compagnie.

Les habitants de la commune de Surin, approuvant les vœux déjà émis par le Conseil général des Deux-Sèvres et les Municipalités de localités situées sur le tracé de la ligne de Niort au Mans, viennent solliciter de Votre Excellence la concession dans un bref délai à la Compagnie des Deux-Charentes, de la ligne de Niort à La Suze, près du Mans, par Saint-Maxire, Sainte-Ouenne ou Surin (ligne privée de route), Champdeniers, Mazières et Parthenay.

Ils ont l'honneur d'être, avec le plus profond respect, Monsieur le Ministre, de Votre Excellence, les très-humbles et très-obéissants serviteurs.

(Suivent les nombreuses signatures.)

DÉPARTEMENT
des
DEUX-SÈVRES

ARRONDISSEMENT
DE PARTHENAY

VILLE DE PARTHENAY.

EXTRAIT DU REGISTRE DES DÉLIBÉRATIONS DU CONSEIL MUNICIPAL DE PARTHENAY.

Séance extraordinaire du 6 mars 1870.

Étaient présents : MM. Ganne, maire; Ganne, adjoint; Lory, Coyreau, Bonnet, Jarry, Dardillac, Plassiart, Dubois, Lacour-Verrière, Clisson, Foucher, Petit, Brillaud, Pallardy, Hublin et Savin, ce dernier secrétaire.

M. le Maire profite de l'occasion de la réunion pour donner connaissance au Conseil d'une brochure dans laquelle la Compagnie des Charentes demande la concession directe de plusieurs lignes de Chemins de fer parmi lesquelles en figure une partant de Niort et aboutissant au Mans en passant par Parthenay, Saumur, Baugé et La Flèche. Cette ligne est du plus haut intérêt pour la ville de Parthenay et pour le pays environnant.

Le Conseil municipal en appelle de tous ses vœux la réalisation et, sans entrer dans les considérations générales du mode de concession, il incline vers le système de concession directe, attendu qu'il voit à cette manière de procéder des garanties de prompte exécution auxquelles il ne saurait rester indifférent.

Délibéré en Conseil, le jour, mois et an susdits.

Le registre est signé des membres présents à la séance et Ganne, maire.

POUR EXTRAIT CONFORME :

Le Maire de la ville de Parthenay,

Signé : GANNE (D.-M.-P.)

ARTEMENT
des
X-SÈVRES

NDISSEMENT
RTHENAY

MAIRIE
IRVAULT

N° 37,425.

Airvault, le 19 mai 1870.

MONSIEUR LE DIRECTEUR,

La Compagnie des Chemins de fer des Charentes a demandé en 1869, la concession d'un Chemin de Niort au Mans, passant par Parthenay.

Le Conseil général des Deux-Sèvres, dont je suis membre, dans sa session de 1869, a émis un vœu favorable à la concession de cette ligne qui intéresse vivement notre département.

Ce chemin partant de Niort, pour joindre Saumur, passerait par Parthenay, Saint-Loup, Airvault, Thouars et Montreuil-Bellay. C'est le tracé le plus naturel et qui offrirait le plus d'avantages à la Compagnie concessionnaire, à cause de la fertilité des contrées qu'il traverse; elle y trouverait les éléments d'un trafic d'une valeur très-élevée.

Nos populations désirent ardemment voir ce projet se réaliser; en voici la preuve : une souscription a été ouverte par moi à Airvault au profit de la Compagnie concessionnaire, elle s'est élevée à la somme de 1,090 francs. Cette somme est bien minime, mais comme c'est une offrande gratuite, on y voit la preuve du vœu des populations. Seulement cette offrande est faite à la condition que ligne passera par Airvault et Saint-Loup.

J'ajouterai, sans en avoir tout à fait la certitude, que probablement des habitants du pays prendront des actions.

Ce nouveau Chemin de fer est destiné à relier le midi et le sud-ouest avec le nord de la France, en traversant le département de la Gironde, une partie de la Charente-Inférieure, les Deux-Sèvres, Maine-et-Loire et la Sarthe. Il remplacera la route impériale n° 138, qui, depuis plusieurs années, est presque complétement abandonnée dans une partie de son parcours, entre Parthenay et Thouars, par le commerce et les voyageurs qui préfèrent passer par Saint-Loup et Airvault, qui sont deux centres de population importants et entourés de terrains très-productifs.

Veuillez, Monsieur le Directeur, transmettre ma lettre au Conseil d'administration de la Compagnie, et lui dire que nous faisons des vœux pour que la ligne projetée lui soit concédée.

Veuillez agréer, Monsieur le Directeur, l'assurance de ma considération très-distinguée.

Le Maire,

MEMBRE DU CONSEIL GÉNÉRAL DES DEUX-SÈVRES,

L. FRIBAULT.

P. S. — S'il se présentait de nouveaux souscripteurs, j'aurais l'honneur de vous en informer.

DÉPARTEMENT
des
DEUX-SÈVRES
—•••—

MAIRIE
DE THOUARS
—•••—

Nº 37,145.

Thouars, le 30 avril 1870.

MONSIEUR LE PRÉSIDENT DE LA COMPAGNIE DES CHARENTES,

Les nombreuses communes du canton de Thouars se préoccupent vivement du Chemin projeté du Mans à Niort. Nous venons d'adresser à S. Exc. le Ministre des Travaux publics une pétition, dont je vous envoie copie demandant la concession de ce chemin à la Compagnie des Charentes que vous représentez.

Les trentes pétitions du canton de Thouars et des communes environnantes ont été couvertes de signatures, elles sont parvenues au Ministère ;

Nous croyons savoir que la Compagnie d'Orléans et celle du réseau Angevin désiraient obtenir la concession de ce chemin, mais nous faisons des vœux pour qu'on vous accorde la préférence, persuadés que vous l'exécuterez dans un bref délai.

Nous sommes tous disposés à vous seconder dans cette entreprise et nous vous serions reconnaissants de vouloir bien nous dire si notre concours pourrait être de quelque utilité.

Veuillez agréer, etc.

Le Maire de Thouars ;

Signé : L. THOURAGNER.

A Son Excellence Monsieur le Ministre des Travaux publics.

———

Monsieur le Ministre,

Le Conseil municipal et les habitants de la commune de   canton de Thouars, soussignés, ont le plus vif désir que le chemin de fer projeté de Niort au Mans par Parthenay, Thouars, Montreuil-Bellay, Saumur, Longué, Baugé et La Flèche, soit bientôt déclaré d'utilité publique, et que la concession de cette ligne fort importante soit accordée de préférence à la Compagnie des Charentes qui a un immense intérêt à la construire dans un délai le plus rapproché.

Cette voie ferrée parcourrait le département des Deux-Sèvres dans toute sa longueur et traverserait des contrées très-fertiles.

Les négociants, les agriculteurs et les industriels réclament la prompte exécution de cette voie qui mettrait à leur disposition les marchandises, les chaux, les charbons et autres produits qui leur manquent.

Les soussignés espèrent, Monsieur le Ministre, que vous voudrez bien acquiescer à leur vœu en faisant décréter le plus tôt possible, le chemin de fer de Niort au Mans.

Ils ont l'honneur d'être, avec le plus profond respect, de Votre Excellence, les très-humbles et très-obéissants serviteurs.

DÉPARTEMENT
de
MAINE-ET-LOIRE

VILLE DE SAUMUR.

EXTRAIT DU REGISTRE DES DÉLIBÉRATIONS DU CONSEIL MUNICIPAL
DE LA VILLE DE SAUMUR.

Séance du 11 février 1870.

CHEMINS DE FER DES DEUX-CHARENTES.

DEMANDE DE CONCESSION D'UNE LIGNE DE NIORT AU MANS, PAR PARTHENAY, THOUARS,
SAUMUR, BAUGÉ ET LA FLÈCHE.

VŒU :

M. le Conseiller délégué fait connaître au Conseil que la Compagnie des Deux-Charentes demande au Gouvernement la concession d'un Chemin de fer se dirigeant de Niort au
Mans, en passant par Parthenay, Thouars, Saumur, Baugé et La Flèche, et appelle l'attention
du Conseil sur l'importance de ce chemin, qui doit avoir pour résultat, s'il est établi, de rendre
à nos contrées et particulièrement à la ville de Saumur, les grandes relations commerciales
qui s'opéraient sur le parcours de la route impériale n° 138 ; M. le Délégué, remplissant les
fonctions de maire, ajoute que des pétitions se couvrent de nombreuses signatures pour
appuyer la demande de la Compagnie.

Un membre dit que la Chambre de commerce de Saumur, appelée à donner son avis,
a considéré comme une véritable utilité publique la création de la ligne en question.

M. le Conseiller délégué propose d'émettre le vœu que la demande de la Compagnie des
Deux-Charentes soit accueillie par le Gouvernement comme ayant surtout le caractère d'une
entreprise d'utilité publique pour toutes les contrées que cette voie ferrée doit traverser.

Le Conseil, à l'unanimité, émet ce vœu et prie l'Administration de le transmettre à qui
de droit.

POUR EXTRAIT CERTIFIÉ CONFORME,

Le Conseiller municipal délégué faisant fonctions de maire de Saumur.

Signé : LECOQ.

EXTRAIT

DU JOURNAL L'ÉCHO SAUMUROIS DU 26 FÉVRIER 1870.

La Chambre consultative des arts et manufactures de Saumur a pris la délibération suivante :

L'an mil huit cent soixante-dix, le jeudi 10 février, à sept heures du soir, la Chambre consultative des arts et manufactures s'est réunie à l'Hôtel-de-ville, lieu ordinaire de ses séances, sur la convocation et sous la présidence de M. Lambert-Lesage, son président,

Étaient présents : MM. Lambert-Lesage, Thiffoine-Mercereau, Charbonneau-Rallet, Julien Girard, Louis Chivert, Duvan aîné, Léon Besson, Charles Contard et Élie Pichard ; les autres membres sont absents pour cause motivée.

M. le Président déclare la séance ouverte et informe la Chambre que la Compagnie des Charentes est en instance devant S. Exc. M. le Ministre des Travaux publics, à l'effet d'obtenir la concession d'un Chemin de fer se dirigeant de Niort au Mans, passsant par Parthenay, Montreuil-Bellay, Saumur, Longué, Baugé et La Flèche ; que M. Galland, ingénieur à Paris, se propose de réclamer également, au nom de la Compagnie qu'il représente, la concession d'une partie de cette ligne entre Saumur et Le Mans, qui deviendrait la continuation de celle de Poitiers à Saumur.

M. le Président expose que la Chambre consultative est appelée à donner son avis sur l'utilité publique de ces voies ferrées et sur la préférence qu'il y aurait lieu d'accorder à l'une de ces demandes en concession.

Avant d'ouvrir la délibération, M. le Président entretient la Chambre des avantages que présenterait le Chemin de fer projeté de Niort au Mans par Saumur, qui replacerait notre ville en communication directe avec les départements des Deux-Sèvres et de la Sarthe, avec lesquels elle a toujours entretenu de nombreuses et importantes relations d'affaires ; relations qui tendent aujourd'hui à s'amoindrir et à disparaître.

M. le Président rappelle à la Chambre qu'elle a elle-même, dans ses précédentes délibérations, signalé la situation défavorable faite à la ville de Saumur, par suite de l'établissement de nombreuses voies ferrées qui l'entourent sans la traverser, situation qui a eu pour conséquence le déplacement de son haut commerce, malgré les efforts et l'énergique résistance de ses industriels et de ses commerçants.

Un membre, tout en appréciant l'initiative prise par M. Galland, pour hâter l'établissement du réseau des voies ferrées qui doivent traverser notre arrondissement, rappelle à la Chambre que cet ingénieur n'a pas compris, dans ses divers projets, la ligne de Niort au Mans, dont la construction est si vivement réclamée par de nombreuses populations, mais seulement celle de Saumur au Mans ; qu'à ce point de vue, la Compagnie des Charentes, en sollicitant la concession de l'ensemble de la ligne se dirigeant de Niort au Mans, donne une satisfaction plus complète à tous les intérêts.

Un autre membre, après avoir fait ressortir les avantages évidents que les départements des Deux-Sèvres, de Maine-et-Loire et de la Sarthe, trouveraient dans l'établissement du Chemin de fer de Niort au Mans, croit devoir examiner la question à un point de vue plus général encore ; il fait remarquer que la Compagnie des Charentes, en réclamant la concession de divers embranchements sur Tulle, Limoges et Bordeaux, qui compléteraient ainsi son réseau, et établiraient sa jonction avec les Chemins du Midi, de Lyon-Méditerranée et de l'Ouest; que cette jonction assurerait non-seulement la prospérité des Charentes, mais concorderait aussi avec les intérêts de toutes les populations du sud-ouest de la France.

Le même membre ajoute que, dans sa pensée, le Chemin de fer de Niort au Mans serait plus promptement établi s'il était concédé à la Compagnie des Charentes plutôt qu'à une autre Compagnie qui n'aurait pas un intérêt aussi direct à son prompt achèvement; qu'en effet, enserrée de tous côtés par des Chemins de fer, têtes de ligne, la Compagnie des Charentes a hâte de cesser d'être tributaire et d'assurer son indépendance.

Un autre membre fait observer que la Compagnie des Charentes, constituée depuis plusieurs années, offre des garanties sérieuses ; qu'elle a devers elle des ressources qui lui sont propres, et que si elle venait à faire appel au public, elle verrait bientôt affluer vers elle tous les capitaux qui lui sont nécessaires pour le prompt achèvement des voies ferrées dont elle réclame la concession.

La Chambre, appréciant les motifs ci-dessus exposés, après en avoir délibéré :

Considérant que le Chemin de fer projeté de Niort au Mans, par Parthenay, Thouars, Montreuil, Saumur, Longué, Baugé et La Flèche, est d'une importance réelle et d'une utilité incontestable; que cette voie ferrée, suivant la route impériale n° 138, de Bordeaux à Rouen, traverse, par trois départements, trois chefs-lieux d'arrondissement, trois chefs-lieux de canton et donne aussi satisfaction à de nombreux et légitimes intérêts ;

Considérant que l'avenir de Saumur, au point de vue de son importance et de sa situation commerciale, est tout entier dans les voies ferrées, notamment dans celles qui viendraient la remettre en communication directe avec le département des Deux-Sèvres et celui de la Sarthe, c'est-à-dire avec le midi et le nord de la France ;

Considérant que notre ville et son arrondissement ont le plus grand intérêt à la prompte exécution de la ligne de Niort au Mans, dont la Compagnie des Charentes réclame avec instance la concession ; que les populations de l'ouest ont elles-mêmes un puissant intérêt à voir cette Compagnie étendre et compléter son réseau; que le commerce et l'agriculture y trouveraient les plus grands avantages par une rapidité plus grande dans les communications et par une réduction notable dans les frais de transport;

Considérant enfin que, dans les divers projets du réseau départemental proposé par M. Galland, la ligne de Niort au Mans n'y figure que pour la section de Saumur au Mans; qu'en cela, le tracé d'ensemble proposé par la Compagnie des Charentes, donne une satisfaction plus complète aux intérêts généraux et à ceux de l'arrondissement de Saumur en particulier.

PAR CES MOTIFS,

La Chambre consultative, à l'unanimité, émet le vœu :

1° Que le Chemin de fer projeté de Niort au Mans, par Parthenay, Thouars, Montreuil-Bellay, Saumur, Longué, Baugé et La Flèche, soit déclaré d'utilité publique;

2° Que la concession de cette ligne ferrée soit accordée de préférence à la Compagnie des Charentes et que sa construction soit effectuée dans le délai le plus rapproché.

La Chambre charge son président de transmettre à S. Exc. le Ministre des Travaux publics ampliation de la présente délibération.

Avant de clore la séance, M. le Président invite les membres de la Chambre consultative à vouloir bien se joindre à la députation que Saumur et plusieurs autres villes des départements voisins se proposent de désigner, à l'effet de se rendre auprès de S. Exc. M. le Ministre des Travaux publics, et de solliciter de sa bienveillance et de sa haute justice, la déclaration d'*utilité publique* du Chemin de fer projeté de Niort au Mans, en le suppliant aussi de vouloir bien en accorder la concession à la Compagnie des Charentes.

Fait, clos et délibéré les jour, mois et an que dessus.

DÉPARTEMENT
DE LA SARTHE
— ∞ —

ARRONDISSEMENT
DE LA FLÈCHE
— ∞ —

COMMUNE
DE NOYEN
— ∞ —

MAIRIE DE NOYEN-SUR-SARTHE.

Extrait du registre des délibérations du Conseil municipal.

Session de février 1870.

L'an mil huit cent soixante-dix, le dimanche treize février à huit heures et demie du matin,

Le Conseil municipal de la commune de Noyen-sur-Sarthe s'est réuni en la salle de la Mairie, sur la convocation et sous la présidence de M. Alphonse Leporché, maire, pour continuer et terminer la session ordinaire de février.

Présents : MM. Gauthier, Langlois, Bignon, Chauvelier, Bardet, Legendre, Deforges, Hubert, Moillard et Leporché ;

Formant la majorité des membres actuellement au nombre de dix-sept.

Absents : MM. de la Villorion, Pringault, Léveillé, Lenormand, Cavalier, Fouque et Tricard.

CHEMIN DE FER.
Ligne de Saumur a Noyen.

Le Conseil municipal de Noyen-sur-Sarthe émet le vœu de voir s e réaliser prochainement la construction du chemin de fer projeté de Saumur à Noyen, par Baugé et La Flèche. Cette ligne serait d'une grande utilité pour le commerce et le pays qu'elle traverserait. La Compagnie qui se chargerait de l'exécuter et de l'exploiter en retirerait certainement de grands avantages.

Le Conseil municipal de Noyen a l'honneur de prévenir Son Excellence Monsieur le Ministre des Travaux publics, de vouloir bien faire la concession de cette ligne à la Compagnie des Deux-Charentes pour la construire et l'exploiter.

Et après lecture, les membres présents ont signé.

Le registre est dûment signé.

POUR COPIE CERTIFIÉE CONFORME :

Mairie de Noyen-sur-Sarthe, le 14 Mars 1870.

Le Maire,
Alph. LEPORCHÉ.

ur le prolonge-
du chemin de
es Deux-Cha-
, de Niort au

VILLE DE LA FLÈCHE.

Extrait du registre des délibérations du Conseil municipal.

L'an mil huit cent soixante-dix, le deux mars, à sept heures du soir,

Le Conseil municipal de la ville de La Flèche s'est réuni sous la présidence de M. Grollier, son maire, au lieu ordinaire de ses séances, en vertu d'une autorisation donnée par M. le Sous-Préfet de l'arrondissement le vingt-quatre février dernier.

L'appel nominal a constaté la présence de MM. Perrinelle, Grollier, Papigny, Garnier, Cullier, Hue, Huet, Dégaille, Houdemon, Janson, Leguicheux, Rivet, Tonnelier, Candé, Lépingleux, de Lamandé et Moreau.

M. le Maire appelle de nouveau l'attention du Conseil sur la question, si importante pour la ville, de la construction du prolongement du Chemin de fer des Deux-Charentes, de Niort au Mans, par Parthenay, Thouars, Montreux, Saumur, Longué, Baugé, La Flèche et La Suze, et il lui communique une lettre que lui adresse M. le Directeur de cette Compagnie, avec une note remise par lui à M. le Ministre des Travaux publics. Après avoir pris connaissance de ce document :

Considérant que ce Chemin de fer projeté de Niort au Mans est d'une importance réelle et d'une utilité incontestable, puisqu'il suivra la route impériale n° 138, de Bordeaux à Rouen ;

Que le tracé proposé par la Compagnie des Charentes donnera une satisfaction très-désirable aux intérêts généraux et à ceux de l'arrondissement de La Flèche ;

Le Conseil municipal émet le vœu :

Que le chemin de fer projeté de Niort au Mans, par Parthenay, Thouars, Montreux-Bellay, Saumur, Longué, Baugé, La Flèche et La Suze soit déclaré d'utilité publique.

POUR EXPÉDITION CONFORME :

Le Maire de la commune de La Flèche,

Signé : GROLLIER.

CHAMBRE DE COMMERCE DU MANS.

Séance du 4 mars 1870.

L'an mil huit cent soixante-dix, le quatre mars, la Chambre de commerce du Mans s'est réunie au lieu ordinaire de ses séances, sous la présidence de M. J. Lebreton. Étaient présents :

MM. J. Lebreton, président ; Doré, Chesneau, Diot, Rivet, Michel Vielle, Connellier, Verdier, Bazy jeune, Vétillart et Vérité Bidault, ce dernier remplissant les fonctions de secrétaire. Le procès verbal de la séance du 15 décembre 1869 est lu et adopté sans observation.

Monsieur le Président soumet aux délibérations de l'Assemblée la demande que la Compagnie du chemin de fer des Charentes a adressée au Ministre des Travaux publics, à l'effet d'obtenir l'autorisation d'ajouter à sa ligne principale les prolongements suivants : au nord, de Niort à La Suze ; au sud, de Coutras à Bordeaux; au sud-est, de Limoges à Clermont ,en Auvergne.

La Chambre, à la suite de cette communication, est également informée, mais à titre officieux, d'un autre projet qui, sous les auspices de M. Galland, ingénieur, aurait pour but de relier le Mans et Poitiers par une série de Chemins de fer d'intérêt local, lesquels desserviraient Saumur, Baugé, La Flèche et La Suze.

Au sujet du prolongement de la ligne actuelle des Charentes de Niort sur le Mans, la Chambre estime que ce Chemin établissant une seconde communication directe entre les anciennes provinces de Normandie, de Bretagne et du Maine et les anciennes provinces de la Guyenne, de la Gascogne et du Languedoc, réunit tous les caractères d'une entreprise d'intérêt général. En effet, il aura pour résultat immédiat d'affranchir ces contrées du monopole d'une Compagnie de transports qui use et qui abuse de sa situation pour maintenir, après la ruine de toute concurrence, des tarifs immodérés : si l'on considère, d'une part, que la distance kilométrique entre Le Mans et Bordeaux est moins longue par le Chemin des Charentes, que par la ligne actuelle des chemins d'Orléans ; que, d'autre part, le chemin des Charentes sera construit à l'aide des ressources de toutes sortes que la science et l'expérience mettront à son service, on demeure aussitôt convaincu, un capital relativement peu considérable étant engagé dans l'entreprise, que la Compagnie concessionnaire pourra, tout en se réservant un bénéfice raisonnable, établir des tarifs inférieurs à ceux de sa toute-puissante rivale.

A côté de l'intérêt général auquel le Chemin des Charentes donne une si légitime satisfaction, se produit un avantage tout spécial au département de la Sarthe et à son chef-lieu. Il suffit à son évidence de rappeler que les farines de la Sarthe ont un débouché considérable sur le littoral de l'Océan, à la Rochelle et à Bordeaux ; que notre commerce de vins et eaux-de-vie importe, en quantité immense, les produits vinicoles du Languedoc, du Bordelais et de la Saintonge , que les maisons qui s'occupent de graines fourragères en font venir par milliers de balles, des départements du Languedoc. On sait aussi que les pays producteurs de vins sont les grands consommateurs de nos toiles et de nos tissus de chanvre et de lin.

Ainsi, pouvoir obtenir vers ces contrées des transports, à l'aller comme au retour, à des prix plus modérés que par le passé, c'est, en fait, économiser les frais généraux de notre commerce et de nos industries, c'est surtout leur rendre le privilége naturel d'expédier, par la ligne droite et la moins coûteuse, ceux de leurs produits qui sont consommés dans les provinces méridionales de la France.

Le tableau qui suit donne la mesure exacte des distances entre Le Mans et Bordeaux par le Chemin des Charentes et par celui d'Orléans ; il permet d'apprécier immédiatement, au point de vue des intérêts de la Normandie, de la Bretagne et du Maine, la prééminence de la ligne projetée sur celle qui existe aujourd'hui.

PARTANT DU MANS POUR ALLER A :	PASSANT par le réseau D'ORLÉANS	PASSANT par le réseau DES CHARENTES	DIFFÉRENCE EN MOINS par le réseau DES CHARENTES
Saumur	150 kilom.	79 kilom.	71 kilom.
Rochefort	323 —	297 —	26 —
Niort	245 —	197 —	48 —
Saint-Jean-d'Angély. . .	319 —	253 —	66 —
Saintes	368 —	286 —	82 —
Cognac	394 —	312 —	82 —
Blaye	445 —	392 —	53 —
Bordeaux	443 —	408 —	35 —

Ces chiffres, à eux seuls, font ressortir avec un merveilleuse évidence l'urgence de la création d'une voie ferrée sur notre littoral de l'Océan Atlantique.

Aujourd'hui, les produits de ces côtes occidentales si fertiles n'arrivent à la consommation intérieure qu'après avoir été surchargés de prix de transports excessifs ; il est donc juste de les faire participer, au plus vite, au bénéfice des voies rapides et économiques. Le Chemin des Charentes seul peut, avec les prolongements qu'il sollicite, ouvrir les débouchés qui manquent à ces intéressantes contrées.

Mais les bienfaits dont le Chemin des Charentes doit être la cause ne sont pas encore énumérés, car il reste à signaler l'un des plus précieux, celui dont auront à jouir les populations du Mans et de La Flèche. En effet, quand cette voie de fer nouvelle sera construite, ces deux villes ne seront plus éloignées l'une de l'autre que d'une heure et demie de marche, au plus. On ferait en vain l'objection qu'incessamment le chef-lieu du département sera relié, par Chemin de fer, avec cet important chef-lieu d'arrondissement, car on sait que, comme économie de temps, la ligne par Aubigné et Le Lude n'en procure aucune sur la route de terre actuelle. Voyons : du Mans à La Flèche, par Aubigné, il y a 75 kilomètres à parcourir sur deux Chemins de fer, en plus, trois heures de voyage à endurer. Du Mans à La Flèche par La Suze, 50 kilomètres de trajet et une heure et demie de voyage seulement. Cette différence de kilomètres et de temps convertie en argent, il n'en faut pas douter, représente une somme considérable. Ces avantages inappréciables pour Le Mans et La Flèche ne peuvent être obtenus, on le comprend de suite, qu'autant que le parcours sera le moins long possible, c'est-à-dire, qu'autant que le Chemin des Charentes, ayant passé par La Flèche, viendra se souder, sur le chemin du Mans à Angers, à un point qui ne soit pas plus bas que La Suze.

Il est incontestable que tout raccordement qui se ferait au delà de La Suze, à Sablé, par exemple, aurait pour conséquence fatale d'augmenter de 20 kilomètres la longueur de toute la ligne, et d'élever inutilement le prix de transport, non-seulement au détriment des marchandises et des voyageurs venant du Mans, mais encore au préjudice des voyageurs et des marchandises de Rouen, Caen, Alençon, Rennes et Laval qui sont obligés de passer par la gare du Mans pour se rendre dans le midi. C'est donc au nom de l'intérêt général que la Chambre de commerce du Mans insiste sur la nécessité de souder à La Suze le Chemin des Charentes avec celui du Mans à Angers.

Il est inutile d'ajouter à ce qui précède que l'exécution des embranchements demandés par la Compagnie des Charentes, surtout celui de Niort au Mans, ne saurait éprouver la moindre lenteur; l'intérêt des concessionnaires à déployer une grande activité est trop évident pour qu'il soit possible de concevoir la moindre inquiétude de ce côté. Nécessairement la Compagnie des Charentes devra réunir tous ses efforts afin de procurer, au plus vite, à son ancien réseau, les bénéfices d'un trafic nouveau qui doit être pour son entreprise entière une source certaine de prospérité. En concurrence avec le Chemin des Charentes se présente une Compagnie qui s'organise par les soins de M. Galland, ingénieur. Cette Compagnie demande la concession d'une voie ferrée qui rattacherait Le Mans à Poitiers, en passant par La Flèche, Baugé, Saumur et Loudun.

La Chambre ne croit pas devoir donner son concours à l'accomplissement de ce projet. Il ne lui est pas démontré, ou plutôt, elle ne pense pas que ce Chemin puisse jamais rendre aux contrées qu'il doit traverser des services proportionnés aux dépenses qu'il leur imposera.

D'ailleurs, il ne peut, en aucun cas, leur procurer un chemin du Mans à Bordeaux qui est la cause principale, pour ne pas dire unique, de l'appui sympathique et général qui est accordé aux prolongements du Chemin actuel des Charentes.

Dans l'état actuel des choses, le grand chemin de fer du Mans à Poitiers, par Tours, qui est direct, suffit amplement à la circulation entre le Maine, la Touraine et le Poitou. Seconder la compagnie Galland dans son entreprise, qu'on y prenne garde, serait commettre une dangereuse inconséquence et éloigner le but que l'on a hâte d'atteindre. Si son chemin devait se faire seul, alors, la Compagnie d'Orléans qui est maîtresse, à Bordeaux, de la tête de ligne sur le midi, qui le serait à Poitiers, sur le nord-ouest, n'aurait plus à redouter l'ombre d'une concurrence ; tandis qu'un second chemin direct du Mans à Bordeaux, par les Charentes, aura pour résultat immédiat de l'obliger à traiter plus modérément ses tributaires actuels de la Normandie, de la Bretagne, du Maine, de l'Anjou et de la Touraine.

Des considérations d'un autre ordre ne permettent pas non plus à la Chambre d'encourager cette entreprise. La compagnie Galland, c'est important à noter, demande à construire son Chemin du Mans à Poitiers, en se plaçant sous le régime de la loi du 12 juillet 1865 relative à la construction des Chemins de fer d'intérêt local ; à savoir que les départements et les communes devront, avec l'État, concourir au paiement de la dépense. La naïveté serait vraiment trop grande et dépasserait les bornes permises si, à l'offre sérieuse faite par la Compagnie des Charentes de nous procurer, sans bourse délier, un second et grand chemin de fer du Mans à Bordeaux, on allait préférer, en échange, payer fort cher un chemin bâtard du Mans à Poitiers qui assujettirait, pour toujours, plus de vingt départements au dur régime de la Compagnie d'Orléans. Et puis, quand ce Chemin serait-il commencé? Lorsque toutes les formalités administratives auront été terminées, lorsque le tracé aura pu être arrêté entre les intéressés, lorsque la part contributive des parties aura été fixée, c'est-à-dire à une époque que l'imagination la plus complaisante ne saurait fixer, au plus tôt, avant cinq ou six années.

Les deux chemins en concurrence ne pouvant ni naître, ni vivre à côté l'un de l'autre, la Chambre a dû accorder sa préférence à la ligne proposée par la Compagnie des Charentes, parce que, sous tous rapports, elle donne satisfaction aux besoins les plus considérables et les plus nombreux.

Si le prolongement du Chemin des Charentes, de Niort au Mans, est pour notre département d'un intérêt majeur, celui de Coutras à Bordeaux ne lui est pas moins essentiel, car ces deux voies, inutiles à l'État, de tronçons isolés constituent par leur fusion dans le réseau déjà exploité, la grande et seconde ligne tracée du nord-ouest au midi de la France. En effet, ces deux prolongements donnent au corps du Chemin des Charentes les bras dont il est privé pour puiser des transports aux sources de la circulation générale.

Le Maine ne voit pas non plus sans satisfaction, l'embranchement projeté de Limoges à Clermont ; on peut y apercevoir sans efforts l'avénement prochain d'une seconde ligne de fer du Mans à Lyon et Marseille, qui, elle aussi, serait indépendante du Chemin d'Orléans.

Là encore se rencontre un élément de concurrence raisonnable qui, en favorisant le commerce et l'industrie, multiplie, en même temps, les bénéfices des entreprises de transports.

En partageant entre cinq grandes Compagnies l'exploitation de tous les Chemins de fer de l'Empire, on a eu particulièrement en vue de diminuer les frais généraux d'administration, de simplifier les réglements et d'établir un peu d'unité dans la Babel des tarifs. Ces principes de bonne administration devant être nécessairement appliqués à l'exploitation des Chemins des Charentes, la demande de concession directe adressée par la Compagnie actuelle au Ministère des travaux publics a donc dû trouver et a trouvé dans la Chambre de commerce l'appui auquel elle avait légitimement droit. Dans cette circonstance l'intérêt général, aussi bien que celui de l'entreprise étant d'accord, il est naturel qu'ils réunissent leurs instances afin d'obtenir que l'importante ligne du Mans à Bordeaux, par les Charentes, soit concédée à une seule Compagnie et exploitée avec des tarifs uniformes.

En conséquence, la Chambre de commerce du Mans donne une approbation sans réserves, aux projets de la Compagnie des Charentes d'ajouter à son réseau actuel un premier embranchement de Niort au Mans, un second de Coutras à Bordeaux, et un troisième de Limoges à Clermont. La Chambre entend n'accorder son concours qu'à la condition expresse que l'embranchement de Niort au Mans devra être raccordé à La Suze, ou à un autre point qui serait encore plus rapproché du chef-lieu du département de la Sarthe. Elle émet le vœu que, par voie de concession directe, la Compagnie des Charentes soit chargée de la construction et de l'exploitation de tous les embranchements pour lesquels elle est en instance.

Certifié conforme au registre des délibérations de la Chambre de commerce du Mans.

Le Secrétaire,

Signé : P. VÉRITÉ-BIDAULT.

DÉPARTEMENT

DE LA SARTHE

CHEMIN DE FER

des

CHARENTES

EXTRAIT

DU REGISTRE DES DÉLIBÉRATIONS DU CONSEIL MUNICIPAL.

Séance du 4 mars 1870.

L'an mil huit cent soixante-dix, le quatre mars, les membres du Conseil municipal de la ville du Mans, régulièrement convoqués, se sont réunis au lieu ordinaire de leurs séances, à 7 heures 1/2 du soir, sous la présidence de M. Chalot-Pasquer, maire, pour la continuation de la session de février.

M. Gadois remplit les fonctions de secrétaire. M. le Maire : J'ai reçu une lettre ainsi conçue :

« Paris, le 22 janvier 1870.

« Monsieur le Maire,

« La Compagnie a demandé au Gouvernement de l'Empereur la concession de plu-
« sieurs prolongements dont deux me paraissent présenter un intérêt tout spécial pour la
« ville du Mans :

« 1° Le prolongement de sa ligne de Niort jusqu'à La Suze près de votre ville ;
« 2° Le prolongement de la même ligne, au sud, jusqu'à Bordeaux.

« La note et la carte ci-jointes vous édifieront complétement sur nos projets. Je viens
« vous prier de les soumettre au Conseil municipal et de provoquer, si vous le jugez utile et
« convenable, une délibération appuyant les projets de la Compagnie auprès de M. le Mi-
« nistre des travaux publics.

« Veuillez agréer, etc. »

Le Conseil donne acte à M. le Maire de cette communication et il émet ensuite, en faveur de la demande de la Compagnie des Charentes, relative à la concession : 1° d'un prolongement de sa ligne de Niort jusqu'à La Suze ; 2° d'un prolongement de la même ligne, au sud,
jusqu'à Bordeaux, l'avis suivant :

Le Conseil,

Vu la lettre de M. le Directeur de la Compagnie des Charentes, en date du 22 janvier 1870 ;

Vu la note et la carte y annexées ;

Vu une autre lettre de M. le Directeur de la Compagnie des Charentes, en date du 14 février 1870 ;

Considérant que la demande formée par la Compagnie des Charentes, dans le but d'obtenir la concession d'une ligne reliant les lignes du Mans et de Bordeaux, par La Suze, La Flèche, Saumur et Niort, intéresse au plus haut degré la ville du Mans ;

Que cette ligne aurait pour effet de mettre le Mans, par une voie ferrée, en communication directe avec le principal chef-lieu d'arrondissement du département, d'abréger sensiblement la distance qui le sépare des villes de Saumur, Niort et Bordeaux avec lesquelles il a de nombreux et importants rapports ;

Qu'elle remplacera, pour Le Mans, la route impériale n° 23 qui l'unit à La Flèche, la route départementale n° 13 du Mans à Saumur, et la route impériale n° 138 de Bordeaux à Rouen ; que cette concession permettrait à la Compagnie des Charentes d'assurer son indépendance et sa prospérité, et créerait entre cette Compagnie et la Compagnie d'Orléans une concurrence qui tournerait nécessairement au profit du commerce et de l'industrie des localités traversées, sans pouvoir porter un préjudice sérieux à la Compagnie d'Orléans ;

Considérant que la nouvelle ligne reliant Paris à Bordeaux, par Le Mans, sera plus courte que la ligne de Paris à Bordeaux par Tours ;

Que les conséquences de cette situation pour les prix des transports entre Le Mans et Bordeaux sont faciles à apprécier ;

Mais considérant que ces avantages ne seront acquis à la ville du Mans que si la nouvelle ligne, qui doit se raccorder avec le réseau de l'Ouest, la rencontre à la gare de La Suze ; que si cette rencontre avait lieu plus loin du Mans, à Sablé, par exemple, le chemin ne serait plus d'aucune utilité pour la ville du Mans, puisqu'il serait plus facile pour les voyageurs du Mans, d'aller à La Flèche par Aubigné ; que le trajet de Saumur serait à peine diminué, et que de Sablé à Niort, la ligne d'Angers serait plus courte que celle de La Flèche et Baugé ;

Par ces motifs,

Le Conseil municipal de la ville du Mans émet l'avis qu'il soit donné une suite favorable à la demande formée par la Compagnie des Charentes dans le but d'obtenir la concession :

1° Du prolongement de sa ligne de Niort jusqu'au Mans ;

2° Du prolongement de la même ligne, au sud, jusqu'à Bordeaux à la condition expresse que le prolongement vers Le Mans, se raccordera au réseau de l'Ouest, à La Suze et non ailleurs.

Le Conseil décide qu'une expédition de sa délibération sera transmise à S. Exc. le Ministre des Travaux publics, prié de vouloir bien la prendre en sérieuse considération.

Fait et délibéré en séance où étaient présents : MM. Chalot, Pasquer, maire ; Hémon, Desgravier, Gasselin, Pineau aîné, Maurice Jollivet, Chelot, Richard Trotry, Pineau Maurice, Hervé, Diot, Rubillard, Doré, Vérité, Lebreton et Gadois, ce dernier secrétaire.

A l'Hôtel-de-Ville, le 4 mars 1870.

(*Suivent les signatures.*)

POUR COPIE COMFORME :

Le Maire,

Signé : CHALOT-PASQUER.

DÉPARTEMENT
DE L'ORNE

VILLE
D'ALENÇON

MAIRIE D'ALENÇON.

EXTRAIT DE L'UN DES REGISTRES DES DÉLIBÉRATIONS DU CONSEIL MUNICIPAL

DE LA VILLE D'ALENÇON.

L'an mil huit cent soixante-dix, le deux avril, à trois heures du soir,

Le Conseil municipal de la ville d'Alençon convoqué par M. le Maire, en vertu de l'autorisation de M. le Préfet, s'est réuni en session extraordinaire dans une des salles de l'Hôtel-de-Ville.

Étaient présents : MM. Lecointre, maire, président; Saillant, Libert, Grollier, Maillard, Mallet, Delaunay, de Moloré, des Provotières, Lemée, Chambay, Baril, Henriet, Romel, Tixier.

M. le Maire ayant déclaré la séance ouverte, lecture est donnée du procès-verbal de la dernière séance, aucune observation n'est faite, la rédaction en est adoptée.

M. le Maire communique au Conseil un mémoire qui lui a été adressé par M. le Directeur de la Compagnie des Chemins de fer des Charentes; par ce mémoire, ladite Compagnie demande la concession de trois prolongements parmi lesquels figure celui de Niort au Mans afin d'y joindre la Compagnie de l'Ouest.

Le Conseil, après avoir pris connaissance de ce mémoire et après examen,

Émet le vœu que le prolongement de Niort au Mans, le seul qui puisse intéresser la ville d'Alençon, soit classé.

Le registre dûment signé.

POUR EXTRAIT CONFORME :

Le Maire de la ville d'Alençon,

EUGÈNE LECOINTRE.

ARTEMENT

CHARENTE
—•—
MIN DE FER
des
RENTES

AUX RÉSEAUX
—•—

MAIRIE D'ANGOULÊME.

EXTRAIT DU REGISTRE DES DÉLIBÉRATIONS DU CONSEIL MUNICIPAL.

Séance du 5 mars 1870.

L'an mil huit cent soixante-dix et le 5 mars, les membres du Conseil municipal de la commune d'Angoulême se sont réunis à l'Hôtel-de-Ville, en session extraordinaire, suivant autorisation de M. le Préfet en date du premier de ce mois.

Présents : MM. Paul Sazerac de Forge, maire; Justin Lacroix et Hazard, adjoints; Callaud, Marchenaud, Patureau, Chénaud, Matignon, Hérard, Liédot, Robert, Bujeaud, Boilevin, Daras, V. Bujeaud, Broquisse, Prunet, Nadaud, Chaloupin, Laroche-Joubert et Marrot.

M. le Maire communique au Conseil une lettre de M. Love, Directeur de la Compagnie des Charentes, en date du 21 février dernier, par laquelle il lui annonce que cette Compagnie vient de demander au Gouvernement trois prolongements savoir : celui de Tulle à Clermont et de Limoges à Clermont, celui de Niort au Mans et celui de Libourne à Bordeaux, gare Saint-Jean, ou de Saint-Savin à Bordeaux par Saint-André-de-Cubzac. Les motifs de ces demandes de concession sont énoncés dans un mémoire adressé à S. Exc. le Ministre des Travaux publics par M. Mathieu Bodet, Vice-Président du Conseil d'administration; après avoir donné lecture de ce document, qui fait ressortir de la manière la plus évidente le grand intérêt et la justice des prétentions de la Compagnie, M. le Maire ajoute qu'il lui paraît juste et utile de la part du Conseil, d'adhérer et de concourir par une délibération motivée à des projets qui, en assurant la prospérité de la Compagnie des Charentes, auront pour résultat d'appeler dans le département et notamment dans la commune d'Angoulême, un commerce et une circulation plus considérables. Plusieurs membres apprécient par leurs observations l'avis qui vient d'être émis par M. le Maire, et le Conseil après en avoir délibéré :

Attendu que dans l'état actuel la Compagnie des Charentes est entourée d'un réseau étranger qui, en l'isolant du reste de l'empire, lui enlève une grande partie des marchandises et des voyageurs dont elle devrait profiter;

Attendu que le seul moyen d'échapper à cette oppression et d'éviter ces détournements, c'est d'obtenir les trois prolongements demandés, et d'opérer ainsi la jonction du réseau Charentais avec le Midi, le Lyon-Méditerranée et l'Ouest;

Attendu que, par l'exécution rapide des grands travaux qu'elle a déjà menés à bonne fin, sa ponctualité à remplir ses engagements, la probité de son Administration, la Compagnie des

Charentes a droit à la protection du Gouvernement qui, en la créant, a pris par cela même l'engagement de lui faire des chances sérieuses de durée et de succès ;

Attendu que le département de la Charente et la ville d'Angoulême ont le plus grand intérêt à voir adopter des prolongements qui fécondent le réseau fondé et soutenu par des capitaux importants fournis par le pays;

Attendu qu'indépendamment des avantages que vont recueillir les contrées traversées par ces nouveaux prolongements, ils se recommandent encore par des considérations d'intérêt général et supérieur; et qu'il est incontestable que si, par la création de lignes directes, on abrège la distance de Nantes à Bordeaux, de Clermont à La Rochelle, de Niort au Mans, il résultera de cette concurrence et de ce raccourci de parcours une économie notable pour les voyageurs et les expéditions de marchandises;

Attendu qu'il importe que la concession de ces prolongements soit directement accordée à la Compagnie des Charentes, par les motifs sus-énoncés, et ne soit pas l'objet d'une adjudication publique qui offrirait un double danger, puisque d'un côté elle pourrait produire la formation de petites Compagnies et la fraction regrettable des lignes projetées, ou qu'elle aurait pour résultat de faire absorber le nouveau réseau par les grandes Compagnies de l'Orléans et de Lyon-Méditerrannée déjà si puissantes et qui, privées de concurrence, pourraient maintenir leurs tarifs pleins sur la ligne directe et un prix équivalent à celui qu'elles percevaient avant sur le parcours le plus long ;

Par ces motifs, le Conseil est *d'avis à l'unanimité* que le Gouvernement accorde le plus promptement possible à la Compagnie des Charentes la concession directe des prolongements demandés par elle de Tulle à Clermont et de Limoges à Clermont, de Niort au Mans et de Libourne à Bordeaux, gare Saint-Jean, ou de Saint-Savin à Bordeaux par Saint-André-de-Cubzac.

Fait et délibéré en Conseil municipal, ledit jour cinq mars 1870, et ont les membres présents signé au registre.

POUR EXTRAIT CONFORME :

Angoulême, Hôtel-de-Ville, le 14 mars 1870.

Le Maire,

Signé : J. SAZERAC DE FORGE.

HAMBRE

COMMERCE

de

IMOGES

TE-VIENNE)

—✕✕—

Limoges, le 15 septembre 1869.

EXTRAIT

DU REGISTRE DE SES DÉLIBÉRATIONS.

PRÉSIDENCE DE M. ARMAND NOUALHIER.

Étaient présents : MM. A. Noualhier, Assaix, H. Barbon, Boyer, Aoulet, H. Ardant, Mignot, L. Petit, Pesmeaud Dubos.

Un membre demande la parole pour entretenir la Chambre des démarches que fait la Compagnie des Charentes pour obtenir la concession du Chemin de fer de Limoges à Clermont-Ferrand.

La Compagnie offre en même temps de se charger de l'exécution du Chemin de Tulle à Clermont en demandant une très-légère variante sur le tracé qui a été fait.

Cet honorable membre expose que, pendant sa dernière session, le Conseil général du département a recommandé ce projet à Son Excellence M. le Ministre des Travaux publics et il peut assurer que le Conseil municipal de Limoges doit émettre un vœu dans le même sens.

M. le Président rappelle les premières démarches faites au nom de la Chambre et qui ont amené la Compagnie des Charentes à se charger simultanément des deux lignes de Clermont à Tulle et à Limoges, et il engage la Chambre à renouveler les vœux qu'elle a déjà émis en faveur d'une affaire aussi importante pour les intérêts du pays.

Un membre fait observer que Saint-Léonard est un point obligé, mais qu'à partir de cette ville, il n'a pas été fait d'études, soit graphiques, soit de rendement kilométrique, qui puissent fixer l'opinion de la Chambre.

Il ajoute qu'il importe de réunir d'abord tous les efforts pour faire adopter le principe de la ligne et réserver l'avis à exprimer sur le tracé à partir de Saint-Léonard, après les études faites simultanément sur plusieurs points.

La Chambre, après délibération, s'associe à cette pensée. Elle décide en outre qu'il serait adressé à M. le Ministre des Travaux publics un vœu ainsi formulé :

Depuis longtemps la Chambre de commerce de Limoges et, avant elle, sa devancière la Chambre consultative, ont affirmé l'intérêt majeur que le centre de la France, dont Limoges est la ville la plus considérable, soit par sa population, soit par son commerce et son industrie, avait de relier l'ouest avec l'est et le sud-est de la France par Rochefort, Limoges et Clermont-Ferrand.

Cette ligne a reçu un commencement d'exécution. Elle fonctionne sous les mains d'une Compagnie dont on peut apprécier la bonne direction. Elle va se continuer jusqu'à Limoges.

Il reste la dernière partie à créer, celle de Limoges à Clermont, cette dernière ville se reliant à Lyon et à Marseille.

La Compagnie des Charentes sollicite la concession de cette section pour compléter son réseau ; par cette voie, elle pourra aborder directement les grands marchés de l'est et du sud-est sans emprunter des lignes étrangères.

Dans les vœux que la Chambre de commerce a exprimés au sujet de cette ligne, elle a insisté sur les avantages qui découleront, pour le pays, de cette concession.

Elle ne reviendra pas sur les considérations puissantes qui ont été déjà mises en lumière.

Mais elle ne peut s'empêcher de faire valoir que la concession accordée à une Compagnie indépendante fera cesser, pour les parcours que cette Compagnie pourra desservir et et aborder, un monopole dont notre commerce et notre industrie ont eu à déplorer les fâcheux effets.

Des études sont nécessaires pour connaître les difficultés et les avantages que peut présenter tel ou tel point de jonction à aborder. La Chambre réserve à ce sujet son appréciation ultérieure.

Comme conclusion de l'avis à exprimer, la Chambre de commerce émet à l'unanimité le vœu :

Que le prolongement du Chemin de fer d'Angoulême à Limoges jusqu'à Clermont-Ferrand soit concédé à la Compagnie des Charentes ;

Que cette Compagnie soit autorisée à commencer immédiatement les études ;

Enfin qu'elle soit chargée de l'exécution du Chemin de fer déjà classé de Tulle à Clermont.

CHAMBRE
COMMERCE
de
LIMOGES
(HTE-VIENNE)

EXTRAIT

DU REGISTRE DE SES DÉLIBÉRATIONS.

Séance du 15 mars 1870.

PRÉSIDENCE DE M. V. ALLUAND.

Étaient présents, MM. Alluand, Astaix, L. Petit, Bouillon, Pétiniaud, Dubos, Roulet, Boyer, Henri Ardant, E. Mignot, H. R. Barbon des Courrières.

M. le Président annonce que des demandes sont faites par la Compagnie des Charentes pour obtenir diverses concessions qui lui permettent d'aboutir directement aux Compagnies de l'Ouest, du Midi et Lyon-Méditerranée.

Les lignes qu'elle sollicite sont : le prolongement de Niort sur Saumur et Le Mans, le prolongement de Saint-Savin à la gare Saint-Jean de Bordeaux, enfin la concesssion de Limoges à Clermont-Ferrand avec celle du Chemin de fer de Tulle à Clermont, deux Chemins de fer qui, sur une certaine étendue, ont le même parcours. M. le Président pense que la Chambre ne peut que s'associer par ses vœux, à la réalisation des demandes de la Compagnie.

La Chambre est déjà entrée dans cette voie en demandant la concession directe du Chemin de Limoges et de Tulle, aboutissant à Clermont. L'unanimité qui a présidé aux délibérations qu'elle a prises atteste l'importance qu'elle attache à cette question. Elle a réclamé également avec instance et la même unanimité le prolongement de Limoges sur Niort, et alors la création d'une voie sur Le Mans lui donnera un accès de plus sur le Havre où Limoges a de nombreuses relations.

La ligne sur le midi a peut-être moins d'intérêt, mais complétant le réseau indépendant d'une Compagnie appelée à faire jouir notre pays d'une utile concurrence, la Chambre doit être également favorable aux demandes de la Compagnie des Charentes.

L'on objecte les droits acquis des Compagnies ; on n'aurait pas à créer, dans le périmètre qu'elles exploitent, des lignes qui leur causeraient une certaine rivalité et détruiraient en partie leurs affluents, qui pourraient leur enlever un certain trafic. Il peut être répondu que les sections demandées ne sont pas juxtaposées sur les lignes concédées ; elles sont, comme les nouvelles voies d'Orléans à Rouen, d'Orléans à Châlons-sur-Marne, des créations destinées à racourcir les distances, à fournir des moyens de transport que les grandes Compagnies ont cru devoir négliger, malgré le vœu des populations, ainsi qu'il est arrivé lors de la formation de la Compagnie des Charentes.

Cette concurrence que les grandes Compagnies redoutent, ne sont-elles pas forcées de la subir lorsqu'elles arrivent à des points communs, dont elles veulent s'assurer la plus grande partie des transports?

C'est ainsi que l'ouest de la France, ayant des lignes qui aboutissent à des points

12

communs, obtient des prix moins élevés que nos contrées. Le Finistère, par tarif général, est taxé pour la 3ᵉ série venant de Paris de 0 fr. 08 c. à 0 fr. 07 c., tandis que Limoges paye 0 fr. 10 c. Les tarifs spéciaux présentent au moins cette différence : les bœufs et vaches en destination pour Paris payent 0 fr. 54 c.; la Bretagne 0 fr. 40 c. Il en coûte moins cher pour ce pays, distant de 700 kilomètres, pour les blés et sarrazins, que pour Limoges situé à 400 kilomètres. Enfin les alcools sont transportés à Paris et *vice versâ* à 0 fr. 05 c., et Limoges paye 0 fr. 10 c. Ces considérations ne sont pas les seules que puisse faire valoir la Chambre, et la différence des distances sur divers points de ces créations nouvelles sont une raison puissante en faveur des demandes de la Compagnie.

M. le Président ouvre la discussion sur la proposition.

Plusieurs membres prennent la parole pour approuver la proposition et la Chambre adopte ensuite les conclusions suivantes :

La Chambre de commerce de Limoges, d'après les motifs présentés ci-dessus :

Émet l'avis qu'il y a utilité pour le pays à favoriser le développement de la Compagnie des Charentes. Elle appuie en conséquence les demandes formulées par elle et consistant :

1° En la concession d'une ligne partant de Niort et se dirigeant sur Le Mans ;

2° En celle d'un prolongement de la gare de Saint-Savin sur la gare de Saint-Jean de Bordeaux ;

3° En celle d'un prolongement de la ligne de Rochefort sur Limoges, Clermont, avec la condition que ladite Compagnie exécutera les travaux de la ligne de Tulle à Clermont.

M. le Secrétaire donne connaissance à la Chambre d'une partie du travail concernant les tarifs différentiels des Chemins de fer et qui doit être soumis à la Commission d'enquête parlementaire. La Chambre approuve et l'engage à en hâter la publication.

La séance est levée.

MAIRIE DE LIMOGES.

(HAUTE-VIENNE)

EXTRAIT DU REGISTRE DES DÉLIBÉRATIONS DU CONSEIL MUNICIPAL

DE LA COMMUNE DE LIMOGES.

Séance du 18 mars 1870.

L'an mil huit cent soixante-dix, le dix-huit mars, le Conseil municipal de la commune de Limoges, légalement convoqué par M, le Maire, s'est réuni en l'Hôtel-de-Ville, dans la salle ordinaire de ses séances sous la présidence de M. Ch. Le Sage, maire.

M. Eugène Muret désigné au scrutin à l'ouverture de la session remplit les fonctions de secrétaire.

Sont présents : MM. Barbou-des-Courrières, Mignot, Ardant. Grellet, Nadaud, Demartial, Roussely, Bouillon, Chamiot, Baretaud, Venassier, Orliaguet, Leygonie, Voisin, Nassans, Debord, Villoutreix, Astaix, Petit, Bourdeau et Comdain.

L'ordre du jour est le vœu à exprimer pour le prolongement du Chemin de fer des Charentes sur Tulle, Clermont et Le Mans.

M. Petit, rapporteur, s'exprime en ces termes :

MESSIEURS,

La Compagnie des Charentes demande à l'État la concession directe du Chemin de fer de Tulle à Clermont et celle de la ligne de Limoges à Clermont, ligne qui se confond sur un certain parcours avec la précédente ; grâce à ce prolongement elle joindrait désormais la Compagnie de Lyon-Méditerranée.

La Compagnie demande en outre la concession d'un second prolongement de Niort au Mans, afin d'y joindre la Compagnie de l'Ouest.

Elle demande enfin la concession d'un troisième prolongement de Libourne à Bordeaux (gare Saint-Jean) ou de Saint-Savin à Bordeaux, si cette combinaison était de nature à donner une plus grande satisfaction aux intérêts locaux, mais qui, dans cette double hypothèse opère la jonction avec la Compagnie du Midi.

Cette question n'est pas nouvelle pour le Conseil, nous avons déjà eu l'honneur de l'en entretenir et, dans votre séance du 15 octobre 1869, sans vous prononcer au sujet des prolongements sur Bordeaux et sur Le Mans, vous émettiez unanimement le vœu que le prolongement sur Clermont fut concédé à la Compagnie des Charentes et qu'elle fût en même temps chargée de l'exécution du Chemin de Clermont à Tulle.

La Compagnie poursuit son œuvre et, dans un récent mémoire adressé à M. le Ministre des Travaux publics et soumis à votre Commission des Chemins de fer, elle développe les motifs qui militent en faveur de sa demande ; permettez-nous de vous en dire quelques mots :

Nous avons dans notre dossier une carte de France sur laquelle sont indiqués par des teintes diverses les réseaux des Chemins de fer français. Nous prions le Conseil de remarquer l'énorme étendue de territoire couvert par la Compagnie d'Orléans, de remarquer à quel point est enserrée dans ce territoire la Compagnie des Charentes et de juger combien il est important, combien il est équitable de lui permettre de s'affranchir de cette étreinte en donnant la main aux trois Compagnies de l'Ouest, de Lyon-Méditerrannée et du Midi.

Est-il nécessaire, Messieurs, de démontrer, au double point de vue des intérêts que vous représentez et des intérêts généraux, l'utilité absolue des prolongements demandés ? Il est certain qu'ils peuvent seuls assurer l'indépendance et la prospérité de la Compagnie des Charentes et faire jouir le commerce et l'industrie des effets de la concurrence. Limoges expédie ou reçoit un tonnage considérable des réseaux de Lyon-Méditerranée, du Midi et de l'Ouest. Dans l'état actuel, il est forcément tributaire de la Compagnie d'Orléans interposée entre nous et les trois autres Compagnies. Nous subissons et nous continuerons à subir des tarifs onéreux, jusqu'au moment où la Compagnie des Charentes, maîtresse des lignes demandées, viendra faire à l'Orléans une salutaire concurrence, soit par le raccourcissement des parcours. Il est donc, pour nous, de la dernière importance que les trois prolongements soient concédés et le soient à la Compagnie des Charentes.

Au point de vue de l'intérêt général on ne peut nier qu'ils auront pour résultat d'accroître l'activité générale du pays et l'ensemble des transports au profit de tous.

Nous disions tout à l'heure qu'il était équitable de donner à la Compagnie des Charentes les moyens de s'affranchir de l'étreinte de la Compagnie rivale. Examinons, en effet, son origine : lorsqu'il s'agit de la concession du réseau des Charentes, que fit la Compagnie d'Orléans ? elle n'en voulut pas. Ce fut alors que les habitants des départements intéressés comprenant qu'il s'agissait de construire des Chemins d'une incontestable utilité et répondant à des besoins impérieux, réunirent, associèrent leurs capitaux et formèrent la Compagnie. Serait-il équitable que l'Orléans, cause première de cette formation, vînt s'opposer à la concession demandée ? le serait-il davantage de refuser à la Compagnie des Charentes ce qui est la conséquence de sa création et doit assurer son existence ?

En résumant, Messieurs, votre commission a l'honneur de vous proposer la délibération suivante :

Le Conseil, considérant que les prolongements sur Bordeaux, Clermont et Le Mans, concédés directement à la Compagnie des Charentes, sont absolument nécessaires pour assurer son indépendance et sa propriété ;

Considérant que, dans la circonstance, les intérêts de la Compagnie se lient intimement à ceux de Limoges et aux intérêts généraux, qu'en effet l'existence des deux Compagnies dans l'ouest et le centre de la France, et la jonction des Charentes avec Lyon-Méditerrannée, le Midi et l'Ouest, ne peuvent manquer, en abrégeant certaines distances et par les effets d'une sage concurrence, d'amener un abaissement de transports ;

Considérant que cet abaissement aura pour résultat nécessaire d'augmenter l'activité générale du pays et l'ensemble des transports au grand avantage de l'agriculture, du commerce et de l'industrie :

Considérant enfin que dans une contrée où la navigation intérieure n'existe pas, le seul contre-poids à opposer à la puissance de la Compagnie d'Orléans est la Compagnie des Charentes; qu'il est d'autant plus équitable d'en agir ainsi avec elle, que sa légitime demande est la conséquence naturelle de sa création ;

Émet le vœu qu'il soit concédé directement à la Compagnie des Charentes :

1° Le prolongement du Chemin d'Angoulême à Limoges jusqu'à Clermont et en outre le Chemin de fer de Tulle à Clermont ;

2° Le prolongement de Niort au Mans ;

3° Enfin le prolongement de Libourne à Bordeaux (gare Saint-Jean) ou de Saint-Savin à Bordeaux.

M. Bourdeau admet, quant au fond, les propositions de la Commission, mais non les raisons données dans les conclusions du rapport. Il pense que le Conseil n'a pas à désirer la prospérité de la Compagnie des Charentes ; il ne croit pas à une baisse de prix de transports, par suite de la concurrence. M. Grellet propose d'émettre le vœu que les travaux entre Angoulême et Limoges soient activement poussés. Le Conseil émet le vœu qu'il soit concédé directement à la Compagnie des Charentes : 1° le prolongement du Chemin d'Angoulême à Limoges jusqu'à Clermont et en outre le Chemin de Tulle à Clermont ; 2° le prolongement de Niort au Mans ; 3° le prolongement de Libourne à Bordeaux ; qu'enfin, les travaux du chemin d'Angoulême à Limoges soient activement poussés.

En foi de tout ce que dessus, a été dressé le présent procès-verbal qui a été signé au registre par tous les membres présents.

POUR EXTRAIT CONFORME :

Le Maire de Limoges,

CH. LE SAGE.

EXTRAIT

DU REGISTRE DES DÉLIBÉRATIONS DE LA CHAMBRE DE COMMERCE

DE CLERMONT-FERRAND.

Séance du 2 mars 1870.

La Compagnie des Charentes adresse à la Chambre de commerce un exemplaire de son mémoire à l'appui de sa demande de trois prolongements, l'un au nord, l'autre au sud, le troisième à l'est, de Limoges à Clermont, et aussi de la ligne de Tulle à Clermont. Le mémoire est accompagné d'une copie de la lettre de la Compagnie à Son Excellence le Ministre. La Compagnie propose à la Chambre, d'appuyer sa demande auprès du Ministre dans l'intérêt du commerce.

La Chambre de commerce a déjà, dans sa séance du 20 novembre 1869, appuyé de tout son pouvoir le vœu émis par la Chambre de commerce de Limoges pour la concession de la ligne projetée de Limoges à Clermont, en témoignant le désir que l'exécution en soit confiée à la Compagnie qui offrira au public le plus d'avantages et mettra le plus de célérité dans l'exécution de ce travail.

La Chambre de commerce, tout en maintenant son premier avis, s'associe à la demande de la Compagnie des Charentes et exprime le vœu que la concession de la ligne de Limoges à Clermont ainsi que celle de la ligne de Tulle à Clermont soit accordée le plus tôt possible et aux meilleures conditions pour le public.

Elle espère que la Compagnie des Charentes remplira ces conditions.

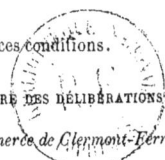

POUR EXTRAIT CONFORME DU REGISTRE DES DÉLIBÉRATIONS :

Le Président de la Chambre de commerce de Clermont-Ferrand,

Signé : LECOQ.

TABLE DES MATIÈRES

8220. — Paris. — Imprimerie Vᵉ Poitevin, rue Damiette, 2 et 4.

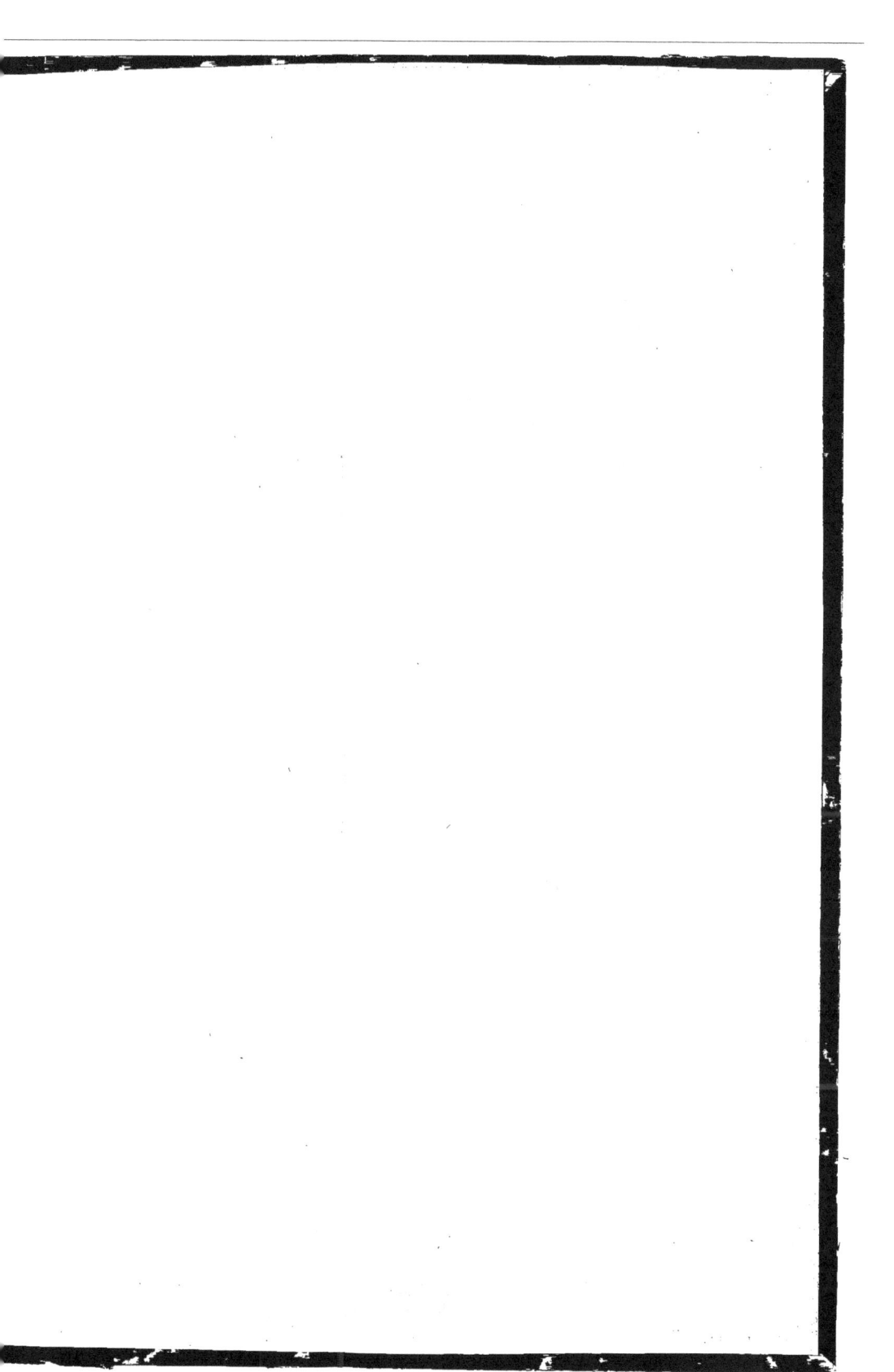

www.ingramcontent.com/pod-product-compliance
Lightning Source LLC
Chambersburg PA
CBHW071500200326
41519CB00019B/5824